普通高等教育"十一五"国家级规划教材

高等农林教育"十三五"规划教材

动物繁殖学实验教程

动物科学专业用

第2版

王　锋　张艳丽　主编

U0951585

中国农业大学出版社
·北京·

内 容 简 介

本书是与动物繁殖学课程配套的实验与实习用书，全书由10个实验和11个生产实习两部分组成，体现了实验与实践教学的有机融合。实验部分主要包括：雌、雄性动物生殖器官解剖构造的观察，睾丸、卵巢的组织学切片观察，马绒毛膜促性腺激素效价的生物测定，酶联免疫吸附实验(奶牛的妊娠诊断)，精液品质的感官检查、精子的活率(力)与密度检查，公畜精液的保存等。实习部分主要包括：种畜场繁殖规划及管理，牛场、羊场、猪场、兔场、鸡场繁殖学实习，牛、羊的胚胎移植技术等。编写中大量应用了图片与表格资料，具有图文并茂、形象直观的认知效果。本书可以作为高等院校动物科学类相关专业实验与实习教材使用，也可以作为有关养殖技术人员的参考书。

图书在版编目(CIP)数据

动物繁殖学实验教程/王锋，张艳丽主编. —2版. —北京：中国农业大学出版社，2017.7(2024.4重印)

ISBN 978-7-5655-1846-1

Ⅰ. ①动…　Ⅱ. ①王…　②张…　Ⅲ. ①畜禽-繁殖-实验-高等学校-教材　Ⅳ. S814-33

中国版本图书馆CIP数据核字(2017)第143338号

书　　名　动物繁殖学实验教程　第2版
作　　者　王　锋　张艳丽　主编

策划编辑　张　程　潘晓丽　　**责任编辑**　田树君
封面设计　郑　川　李尘工作室　　**责任校对**　王晓凤
出版发行　中国农业大学出版社
社　　址　北京市海淀区圆明园西路2号　　**邮政编码**　100193
电　　话　发行部 010-62818525,8625　　读者服务部 010-62732336
　　　　　　编辑部 010-62732617,2618　　出　版　部 010-62733440
网　　址　http://www.cau.edu.cn/caup　　**E-mail**　cbsszs @ cau.edu.cn
经　　销　新华书店
印　　刷　北京锦鸿盛世印刷科技有限公司
版　　次　2017年7月第2版　　2024年4月第4次印刷
规　　格　185 mm×260 mm　　16开本　　6.75印张　　170千字
定　　价　20.00元

第2版编审委员会

主　编　王　锋（南京农业大学）

张艳丽（南京农业大学）

副主编　罗光彬（沈阳农业大学）

吕文发（吉林农业大学）

吕丽华（山西农业大学）

王子玉（南京农业大学）

参　编　（按姓氏笔画排序）

马友记（甘肃农业大学）

万永杰（南京农业大学）

王　军（吉林农业大学）

任有蛇（山西农业大学）

权　凯（河南牧业经济学院）

刘　勇（阜阳师范学院）

阿布力孜·吾斯曼（新疆农业大学）

张　明（四川农业大学）

庞训胜（安徽科技学院）

禹学礼（河南科技大学）

哈　福（云南农业大学）

黄运茂（仲恺农业工程学院）

韩雪蕾（河南农业大学）

熊显荣（西南民族大学）

主　审　黄明睿（南京农业大学）

王元兴（南京农业大学）

第1版编审委员会

主　编　王　锋（南京农业大学）

副主编　罗光彬（沈阳农业大学）
　　　　　吕文发（吉林农业大学）

参　编　吕丽华（山西农业大学）
　　　　　庞训胜（安徽科技学院）
　　　　　任有蛇（山西农业大学）
　　　　　张　明（四川农业大学）

主　审　王元兴（南京农业大学）

第 2 版前言

畜牧业是关系国计民生的重要产业，肉、蛋、奶是百姓“菜篮子”的重要品种，这一切都与动物繁殖密切相关。动物繁殖学科实践性强，全面贯彻新发展理念，充分合理地应用动物繁殖技术提高动物繁殖力，可增强畜牧业质量效益和竞争力，形成产出高效、产品安全、资源节约、环境友好、调控有效的高质量发展新格局，更好地满足人民群众多元化的畜禽产品消费需求。

动物繁殖学实验实习是动物繁殖学教学的重要组成部分。2005 年，受中国农业大学出版社的委托，由南京农业大学组织有关高校教师编写了《动物繁殖学实验教程》(第 1 版)。该教材出版发行十多年来，受到国内高等农业院校相关专业师生的广泛欢迎。

随着现代精准畜牧业和高等农业教育的发展，对教学实践环节提出了更高的要求。特别是随着“动物繁殖学”国家级精品课程和精品资源共享课程的建设，涌现出了许多新成果、新技术，网上也有更多的教学资源，亟须对原教材进行更新、补充和完善。

本次修订，来自国内 15 所高等农业院校的动物繁殖学专家和老师，进行了广泛和深入的讨论，提出了修订原则和大纲。为了进一步全面贯彻党的教育方针，落实立德树人根本任务，推进产教融合，本教材在兼顾实验和实习的同时，突出“系统、新颖、实用、全面”等特点，由原来的 17 个实验(实习)扩展至 10 个实验和 11 个实习。在兼顾教学实验和实习的同时，突出“系统、新颖、实用、全面”等特点，由原来的 17 个实验(实习)扩展至 10 个实验和 11 个实习，特别是加强了“动物胚胎工程技术”和“不同畜种场实习”的内容，兼顾了应用型和学术型人才培养的要求，重点强调操作方法和要领。但由于我国不同区域差别大，在实际使用本教程时，各个院校可以根据自身的教学内容、学时数、条件、畜种等进行适当的选择和精简。

在教材修订过程中，南京农业大学黄明睿副编审和王元兴教授对全书内容进行了审定，南京农业大学动物繁殖学教研室部分博士生和硕士生参与了校对工作，在此一并向他们表示感谢！

感谢南京农业大学动物科技学院和中国农业大学出版社的支持！

由于编者水平有限，本教程难免有许多不足之处，恳请各位读者批评指正。

编　者

2024 年 3 月

第1版前言

本教程是由中国农业大学出版社根据我国高等农业院校教材《动物繁殖学》教学基本要求组织有关高校教师编写的。通过本课程教学，学生在学习《动物繁殖学》基础理论知识的同时，重点学习掌握动物繁殖技术的操作方法和要领。

本教程在内容编排上，兼顾了教学实验和实习两部分内容，并根据本课程的特点和各院校的实际情况，共选编了比较有共性的17个实验(实习)。在实际使用本教程时，各个院校可以根据自身的教学内容、学时、条件、畜种等进行适当的选择和精简。

教材编写过程中，南京农业大学动物胚胎工程技术中心王子玉硕士参与了部分统稿工作，王元兴教授对全书内容进行了审定，中国农业大学出版社潘晓丽编辑也给予了关心和指导，在此向他们表示感谢！

由于编者水平有限，本教程难免有许多不足之处，恳请各位读者批评指正。

编　者

2005年10月

目　录

实验一　雌、雄性动物生殖器官解剖构造的观察

一、实验目的和要求

通过观察各种家畜生殖器官的标本及模型，掌握生殖器官的形态、位置、解剖结构，为深刻理解其生理功能及相互关系，更好地学习和掌握动物繁殖学理论和技术奠定解剖学基础。

二、实验仪器和材料

(1)各种雌性动物生殖器官模型和浸制标本或者新鲜标本。

(2)各种雄性动物生殖器官模型和浸制标本或者新鲜标本。

(3)搪瓷盘、解剖刀、剪刀、镊子、卷尺、电脑和投影仪等。

三、实验方法

生殖器官图片投影与标本、模型观察相结合，比较各种家畜生殖器官的异同。

四、实验内容和观察要点

(一)雌性动物生殖器官的观察

1. 雌性动物生殖器官的组成及其自然位置

母牛、母马、母猪和母羊的生殖器官及其位置见图 1-1。

雌性动物的整个生殖器官均位于骨盆腔和腹腔内，上为直肠和小结肠，下为膀胱。牛的左前侧为瘤胃，马的右前侧为盲肠。

2. 雌性动物生殖器官的观察(图 1-2、图 1-3)

(1)卵巢　重点观察不同时期各种母畜卵巢的形状特点，并测量其体积。牛、猪和马的卵巢比较见图 1-4。

①牛。卵巢呈椭圆形，似青枣大。中等大的母牛，卵巢平均长 2～3 cm，宽 1.5～2 cm，厚 1～1.5 cm。黄体大部分嵌入卵巢的髓质部，且凸出于卵巢表面。

②羊。卵巢比牛的圆，体积小一些。其他特点与牛的相似。

③猪。初生仔猪的卵巢形似肾脏，在接近性成熟时，形状像桑葚；达到性成熟时，呈葡萄串状。

④马。卵巢似豆形或肾形，体积如鸡蛋，直径 3～7 cm。附着缘宽大，成熟卵巢的游离缘内陷形成排卵窝，朝向内侧的输卵管伞。在黄体的形成过程中，红体逐渐被吸收。

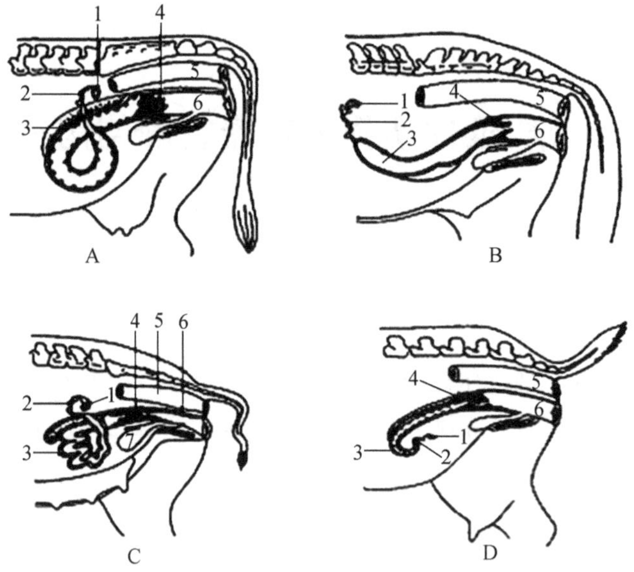

图 1-1 母畜的生殖器官示意图

A. 母牛 B. 母马 C. 母猪 D. 母羊

1. 卵巢 2. 输卵管 3. 子宫角 4. 子宫颈 5. 直肠 6. 阴道 7. 膀胱

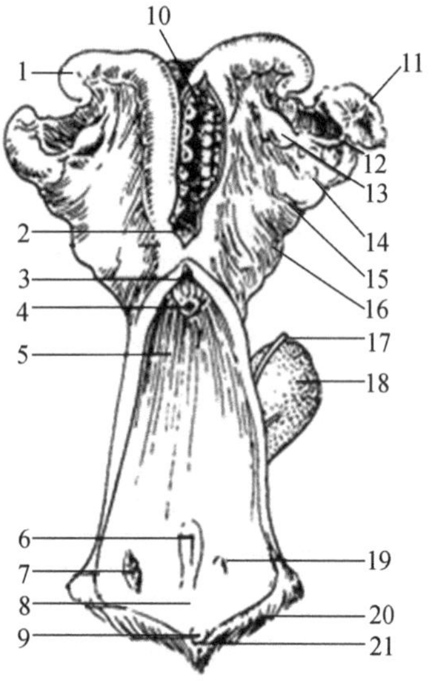

图 1-2 母牛生殖器官示意图

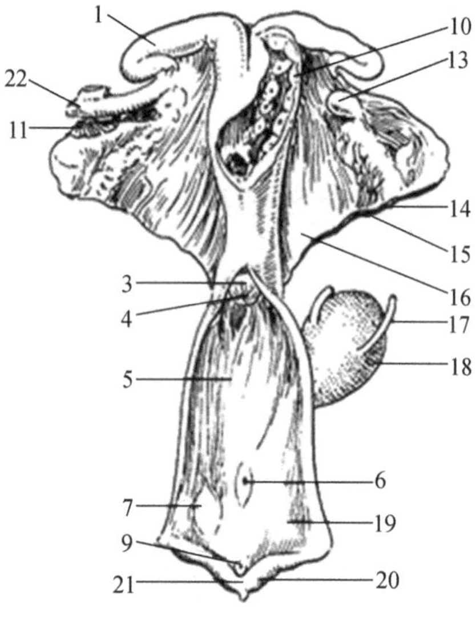

图 1-3 母羊生殖器官示意图

1. 子宫角 2. 子宫颈内口 3. 子宫颈阴道部 4. 子宫颈外口 5. 阴道 6. 尿道外口 7. 前庭大腺开口 8. 前庭小腺开口 9. 阴蒂 10. 子宫阜 11. 输卵管伞 12. 卵巢囊 13. 卵巢 14. 子宫前动脉 15. 子宫中动脉 16. 子宫阔韧带 17. 输尿管 18. 膀胱 19. 尿生殖前庭 20. 阴唇 21. 阴门腹连合 22. 输卵管

(2)输卵管 为成对的弯曲管道，从卵巢附近开始延伸到子宫角尖端，腹腔端扩大呈漏斗状的输卵管伞；紧接漏斗的膨大部为输卵管壶腹部；后段变细为输卵管峡部。两者的连接部称为壶峡连接部。输卵管峡部与子宫角尖端相连处，称为宫管连接部。

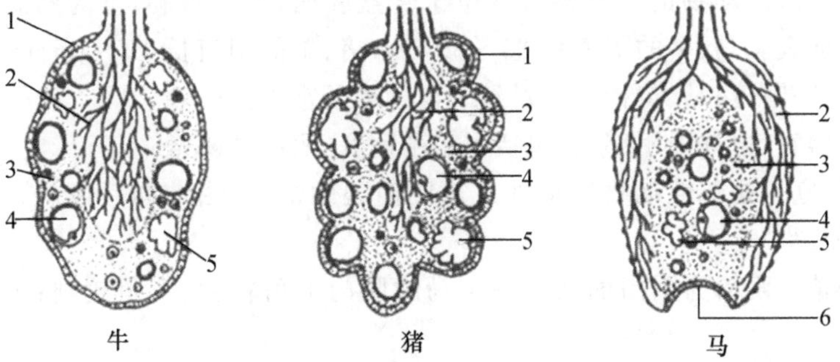

图 1-4　牛、猪和马卵巢的比较

1. 生殖上皮　2. 髓质部　3. 皮质部　4. 卵泡　5. 黄体　6. 生殖上皮(排卵窝)

①马。伞部发达，弯曲多，附着在卵巢的排卵窝旁，卵巢囊较发达，宫管连接部界限明显。

②牛、羊。伞部不发达，弯曲较少，与子宫角之间的界限不明显。

③猪。伞部很发达，小弯曲多，与子宫角之间界限明显。

(3)子宫　大部分位于腹腔，少部分位于骨盆腔，前接输卵管，后接阴道，由子宫角、子宫体、子宫颈3部分组成。

①牛、羊。子宫角形状似弯曲的绵羊角。两个子宫角在内部有纵隔将其分开(双角子宫)。子宫角从基部开始向前逐渐变细。子宫黏膜上有突起的子宫阜。牛和羊的子宫体均比较短，子宫颈肌肉层发达，质地坚硬，牛直肠检查时很容易摸到，子宫颈外口突出于阴道中。

②猪。子宫角形似小肠。成熟母猪的子宫角长100～150 cm。子宫体不明显。子宫颈长10～18 cm，前方与子宫体、后方与阴道均没有明显的界限，人工授精时输精管很容易插入。

③马。整个子宫呈“Y”形。子宫角为扁带状，似香蕉。马的子宫体较其他家畜的发达，子宫颈外口突出于阴道腔2～4 cm，构成明显的子宫颈阴道部。牛、马、猪和羊的子宫颈差异见图1-5。

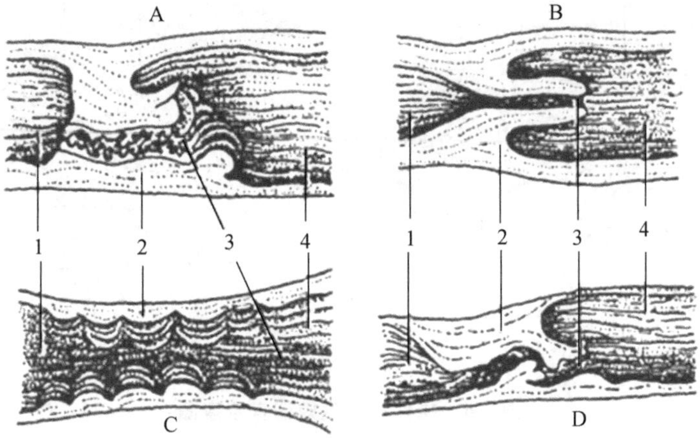

图 1-5　牛、马、猪和羊的子宫颈示意图

A. 牛　B. 马　C. 猪　D. 羊

1. 子宫体　2. 子宫颈　3. 子宫颈外口　4. 阴道

此外，还有双子宫型动物，如兔和大鼠，两个子宫角的每一条均具有分开的子宫颈管道，通向阴道。

(4)阴道　为雌性动物的交配器官。位于骨盆腔内，上为直肠，下为膀胱和尿道，前接子宫，后接尿生殖前庭。马、牛的阴道长 25～30 cm；猪、羊的阴道长 10～15 cm。牛、羊交配时，精液射到阴道穹窿附近；马、猪精液则射到子宫颈或子宫内。

(5)外生殖器官(也称外阴部)　包括尿生殖前庭、阴唇和阴蒂。

①尿生殖前庭。是雌性动物尿道外口至阴门裂的部分，由前向后倾斜。马、牛的前庭较长；猪、羊的较短。

②阴唇、阴蒂。阴唇为阴门的两侧壁。马的阴门上角较尖、下角较圆；牛、羊及猪下角较尖，呈锐角。

(二)雄性动物生殖器官的观察

雄性动物生殖器官主要由睾丸、附睾、阴囊、输精管、副性腺、尿生殖道、阴茎及包皮等组成(图 1-6、图 1-7、图 1-8)。

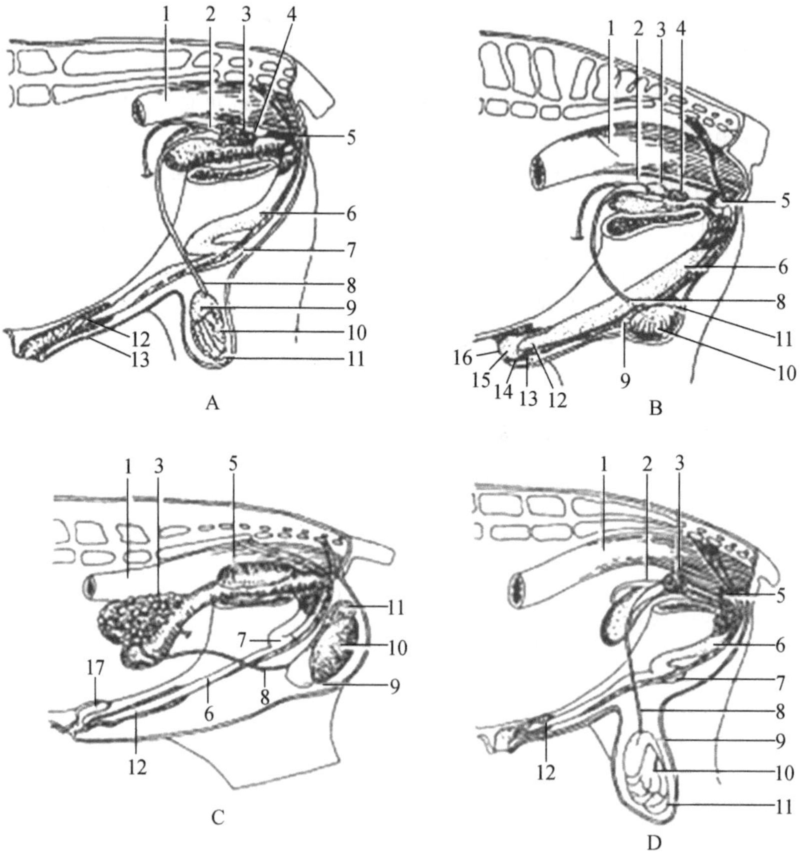

图 1-6　雄性动物生殖器官示意图

A. 公牛　B. 公马　C. 公猪　D. 公羊

1. 直肠　2. 输精管壶腹　3. 精囊腺　4. 前列腺　5. 尿道球腺　6. 阴茎　7. "S"状弯曲　8. 输精管　9. 附睾头　10. 睾丸　11. 附睾尾　12. 阴茎游离端　13. 内包皮鞘　14. 外包皮鞘　15. 龟头　16. 尿道突起　17. 包皮憩室

1. 睾丸与阴囊

雄性动物睾丸成对，分别位于阴囊的两个腔内，为长卵圆形。一侧有附睾附着。牛、羊、猪

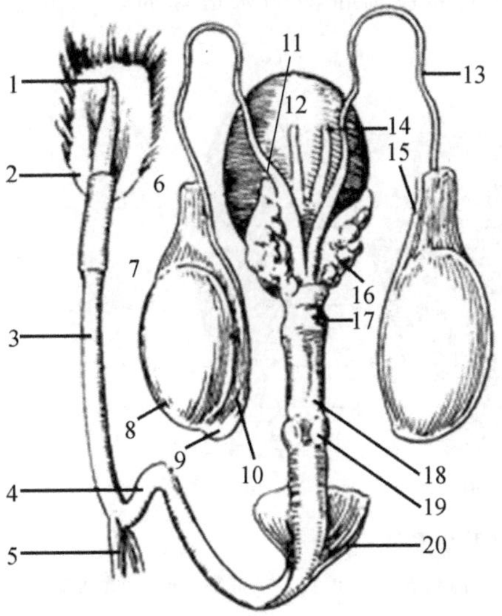

图 1-7　公牛生殖器官示意图

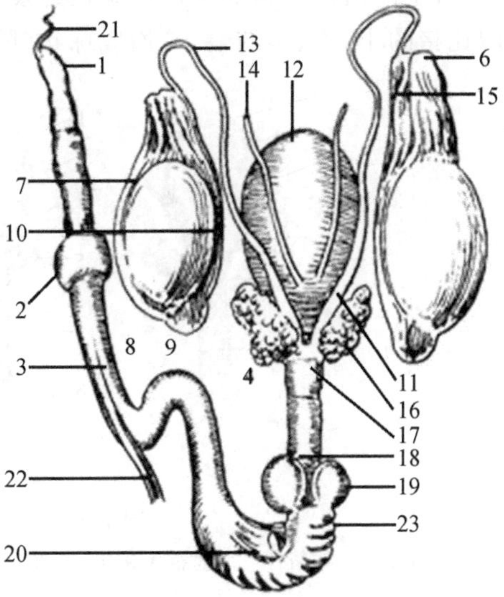

图 1-8　公羊生殖器官示意图

1. 龟头　2. 包皮　3. 阴茎　4."S"状弯曲　5. 阴茎锯肌　6. 精索　7. 附睾头　8. 睾丸　9. 附睾尾　10. 附睾体　11. 输精管壶腹　12. 膀胱　13. 输精管　14. 输尿管　15. 睾外提肌　16. 精囊腺　17. 前列腺　18. 尿生殖道骨盆部　19. 尿道球腺　20. 坐骨海绵体肌　21. 尿道突　22. 阴茎缩肌　23. 球海绵体肌

的睾丸体积较大。马的睾丸长轴与地面平行。牛、羊的睾丸长轴与地面垂直。猪的睾丸长轴倾斜，前低后高。

2. 附睾

附睾位于睾丸的附着缘，分头、体、尾 3 部分。头膨大，由睾丸输出管相连。睾丸输出管汇合成一条较粗而长的附睾管盘曲成附睾体和附睾尾，最后过渡为输精管。马的附睾位于睾丸的上缘外侧，头朝前，尾朝后。牛、羊附睾位于睾丸的后侧，头在上，尾在下。猪的附睾位于睾丸的前上缘，头在前下方，尾在后上方。

3. 精索、输精管

雄性动物的精索呈锐三角形，其下端接于睾丸的附着边和附睾上，其上端进入腹股沟管，内含有血管和神经、淋巴管、提睾内肌和输精管。马的输精管壶腹发达；猪的输精管壶腹不明显；牛、羊的输精管壶腹比较明显。

4. 副性腺

(1)精囊腺　成对位于膀胱颈背面的两旁，输精管末端的外侧。牛、羊、猪的精囊腺为致密的分叶状腺体，马的精囊腺呈长圆形盲囊，向后缩小成输出管，共同开口于尿生殖道起始部的精阜上；猪的精囊腺特别发达，各自独立开口于尿道。

(2)前列腺　在膀胱尿道开始处精囊腺之后。牛和猪的前列腺分为体部和弥散部。体部位于膀胱颈与骨盆尿道交界处，牛的为梭形，猪的为纽扣形，体部小，弥散部大，其腺管成行开口于尿生殖道内。羊的前列腺最不发达，只有弥散部，外观看不到。马的前列腺是由两个侧叶和一个峡部所构成，形似蝴蝶。

(3)尿道球腺　成对位于尿生殖道骨盆部后端的外侧两旁，各有一个排出管(马有 7～8

个)开口于尿道内。猪的尿道球腺最为发达,为圆柱状,上面覆盖很薄的尿道球肌。马的尿道球腺比猪的小,牛、羊的最小,均成球状(图 1-9)。

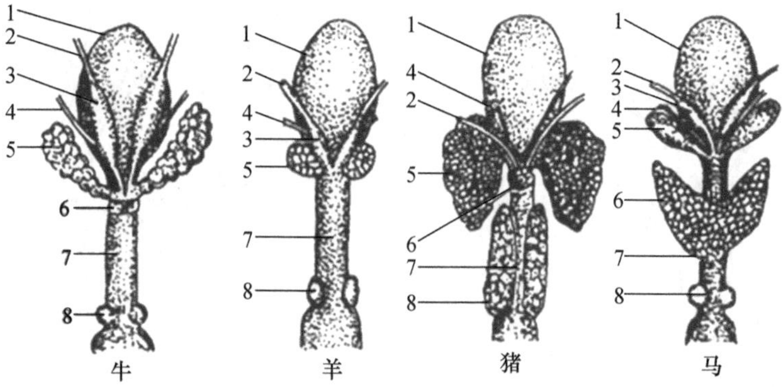

图 1-9 牛、羊、猪和马的副性腺示意图

1. 膀胱 2. 输精管 3. 输精管壶腹 4. 输尿管 5. 精囊腺 6. 前列腺 7. 前列腺扩散部 8. 尿道球腺

5. 尿生殖道、精阜

尿生殖道是雄性动物尿和精液排出的共同管道。可分为骨盆部和阴茎部。阴茎部位于阴茎海绵体腹面的尿道沟内。在尿生殖道骨盆部的腹面正中线上作纵行切口,可看到精阜,上有射精孔,是输精管和精囊腺的输出管共同形成的开口。前列腺的开口在其两侧,尿道球腺开口在其后。

6. 阴茎和龟头

阴茎由阴茎根、阴茎体和龟头组成。阴茎借助于两个阴茎脚固定于坐骨弓,然后在两股之间沿着下腹壁走向脐部,龟头位于其末端。马的阴茎长而粗大,呈扁圆柱状,龟头膨大,其前下侧有一龟头窝,内有尿道突。牛的阴茎在阴囊之后形成"S"形弯曲,交配时伸直,龟头上下较扁且前端有些扭转。羊的阴茎与牛的相似,比牛的细小,尿道突细长,呈蚯蚓状。猪的"S"状弯曲在阴囊之前,龟头呈螺旋状,其上有一包皮盲囊(图 1-10)。

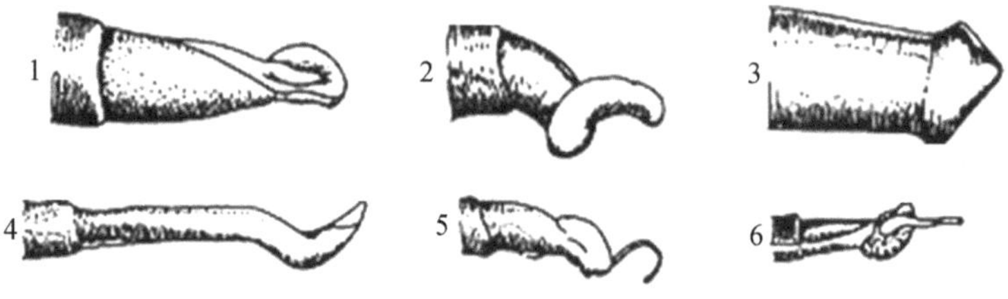

图 1-10 几种雄性动物的龟头示意图

1. 公牛 2. 公牛(示刚交配后的状态) 3. 公马 4. 公猪 5. 公绵羊 6. 公山羊

五、作业

1. 按所列项目,将各雌性动物生殖器官的观察结果填于下表。

类型		牛	羊	猪	马
卵巢	形状 大小 卵泡特点 黄体特点				
子宫角	形状 长短 粗细 角间沟有无 黏膜特点				
子宫体长短					
子宫颈	长度 粗细 管道特点 阴道部有无				

2. 按所列项目，将各雄性动物生殖器官的观察结果填于下表。

类型		牛	羊	猪	马
睾丸	长轴 直径 重量				
附睾	管长 重量				
输精管壶腹	粗细 形状 内部构造				
精囊腺	大小 形状 构造特点				
前列腺	体部及弥散部构造特点				
尿道球腺	大小 形状 构造特点				
阴茎	横切面直径 龟头形状 尿道突特点				

3. 绘制一种母畜或公畜生殖器官的组成与结构示意图。

实验二　睾丸、卵巢的组织学切片观察

一、实验目的和要求

了解睾丸组织结构及其形态，了解精子的发生过程，掌握曲细精管的组织结构、支持细胞的形态结构和功能，各级生精细胞的形态特征及排列规律；了解卵巢组织结构及其形态，了解各级卵泡的形态、卵子发生和发育的过程，掌握各级卵泡的识别方法。

二、实验仪器和材料

(1)动物睾丸、卵巢的组织切片。

(2)动物睾丸、卵巢的组织图片(幻灯片)。

(3)显微镜、投影仪。

三、实验内容和观察要点

(一)睾丸组织学观察

1. 低倍镜观察(图 2-1)

(1)被膜　由浆膜和白膜构成，外层浆膜为一层较薄的固有鞘膜，内层的白膜为弹性结缔组织构成的、致密的白色薄膜层，其中富有血管。白膜下为实质部分，即睾丸的功能层。

(2)睾丸纵隔和中隔　睾丸纵隔为睾丸白膜从睾丸头端伸向睾丸实质部的结缔组织索，并向四周发出许多放射状的结缔组织小梁，伸向白膜。这些结缔组织小梁称为睾丸中隔。猪的睾丸中隔较发达，牛、羊的薄而不完整。

(3)睾丸小叶　由中隔将睾丸实质分成许多基部向外、顶端向内的锥形小叶，每个小叶由2～3 条盘曲的曲精细管及血管和间质细胞等组成。曲精细管直径约 200 μm。据估测，牛的曲精细管拉直，头对头相接，可长达几千米，约占睾丸重量的 80%。

(4)附睾　曲精细管在各小叶的顶端先各自汇合成直精细管，穿入睾丸纵隔结缔组织内，形成弯曲的导管网，称为睾丸网(马无此结构)，为精细管的收集管道。睾丸网又分出 12～15 条睾丸输出管，汇入附睾头，形成附睾管，经附睾体、附睾尾最后过渡为输精管。

2. 高倍镜观察

观察睾丸小叶的结构和睾丸小叶中精细管及间质细胞的结构和形态。观察精子发生过程中不同阶段生精细胞和支持细胞的形态(图 2-2、图 2-3、图 2-4)。

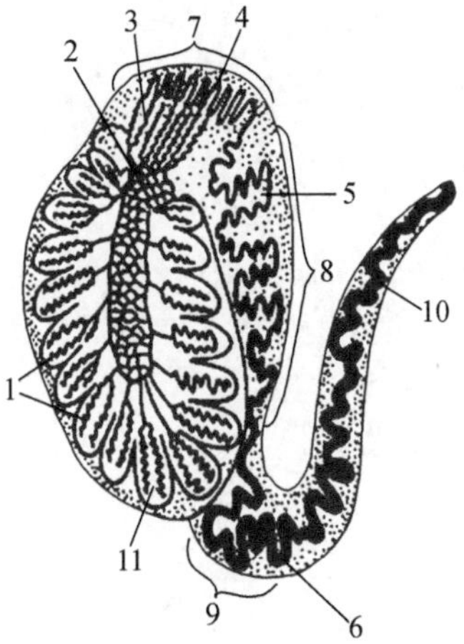

图 2-1　睾丸及附睾的组织结构示意图

1. 精细管　2. 睾丸网　3. 睾丸输出管　4,5,6. 附睾管　7. 附睾头　8. 附睾体　9. 附睾尾　10. 输精管　11. 睾丸小叶

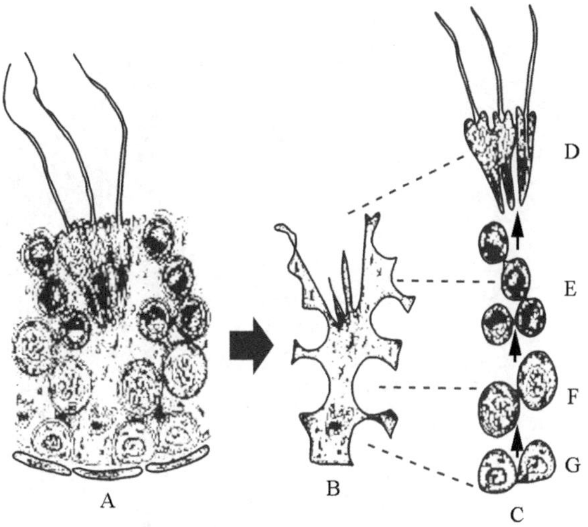

图 2-2　精细管上皮及精子的发生

A. 精细管上皮　B. 支持细胞　C. 生精细胞　D. 变形精细胞　E. 圆形精细胞　F. 精母细胞　G. 精原细胞

(1)睾丸小叶的结构　由曲精细管及其间质细胞构成。此外,还有血管、淋巴管等。

(2)间质细胞　体积较大,分布于曲精细管之间,近似卵圆形或多角形,胞质嗜酸性,核大而圆,具有分泌雄激素的功能。

(3)曲精细管的结构　曲精细管的管壁自外向内由同心圆状排列的结缔组织、基膜和复层上皮构成。上皮细胞成层地排列在基膜上,可分为生精细胞和支持细胞两种。

(4)支持细胞　又称 Sertoli(塞托利氏)细胞或足细胞。体积较大而细长,但数量较少,为高柱状或锥状细胞,属于体细胞。呈辐射状排列在曲精细管中,其侧面嵌含各个发育阶段的生精细胞,其底部附着在曲精细管的基膜上,游离端一直伸达精细管的管腔,常嵌含有许多精子。该细胞高低不等,界限不清。细胞核较大,位于细胞的基部,着色较浅,核仁明显,但不显示分裂现象。由于它的顶端有数个精子伸入胞浆内,故一般认为此种细胞是对生精细胞起着支持、营养、保护等作用。足细胞失去功能,精子便不能成熟。

(5)生精细胞(生殖细胞)　数量比较多,成群地分布在支持细胞之间,大致排列成 3～7 层(同心圆排列)。根据不同发育阶段及其形态特点又可分为:精原细胞、初级精母细胞、次级精母细胞、精(子)细胞和精子。

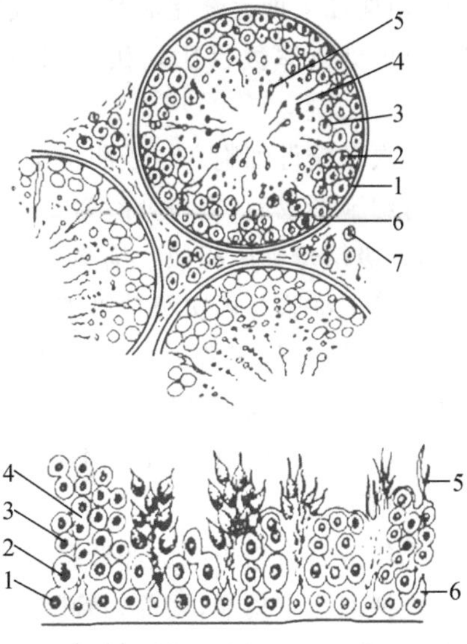

图 2-3　精细管横切面示意图

1. 精原细胞　2. 初级精母细胞　3. 次级精母细胞　4. 精子细胞　5. 精子　6. 支持细胞　7. 间质细胞

①精原细胞。位于最基层,紧贴基膜,常显示有分裂现象。细胞体积较小,呈多边形或圆形,细胞质比较

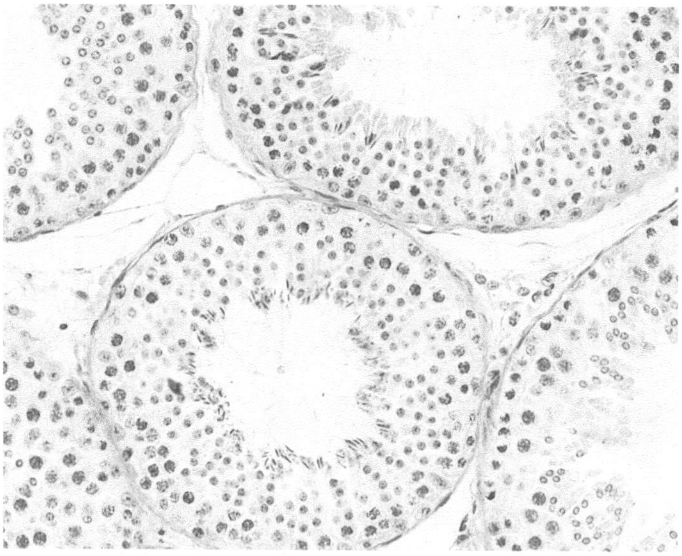

图 2-4　绵羊睾丸组织 HE 染色切片(200×)

清亮，核呈圆形，富有染色质，因而着色较深，仔细观察 A、B、中间型 3 类。精原细胞是精子生成的干细胞。

②初级精母细胞。位于精原细胞上面，排成几层，常显示有分裂现象。细胞呈圆形，体积较大，核呈球形，富有染色体，故着色较深。分裂时，因染色体所处不同的活动时期而呈线状、棒状或粒状，在最初阶段与精原细胞不易区别。随着细胞离开基膜向管腔移动，胞浆逐渐增多，胞体逐渐变大，初级精母细胞开始具有明显的胞核。不久便进入成熟分裂的前期，并经过中期、后期和末期逐渐完成第一次成熟分裂，产生两个较小的次级精母细胞。次级精母细胞的细胞核内染色体数目比初级精母细胞减少了 1/2，成为单倍体，因此这种分裂又称为减数分裂。

③次级精母细胞。位于曲精细管的浅层、初级精母细胞的内侧，常处于分裂状态，由于次级精母细胞形成后，很快分裂为 2 个精子细胞，因而在切片上很难发现。细胞体积较小，呈圆形，与初级精母细胞相似。细胞核为球形，染色质呈细粒状，不见核仁。

④精子细胞。由次级精母细胞分裂而成的，位于精母细胞内侧，靠近曲精细管的管腔，常排列成数层，并且多密集在足细胞游离端的周围。细胞呈圆形，体积更小，胞浆少，含有许多线粒体以及明显的高尔基体和中心体，有时在核旁的高尔基体区内可见顶体粒。核小、呈球状，染色深，核仁清晰。精子细胞不再分裂，在支持细胞顶部经过一系列复杂的形态变化后形成高分化的精子。

⑤精子。由精子细胞经形态变化而形成的，位于精细管的管腔内。刚形成的精子头部常深入支持细胞游离端，尾部朝管腔。随着精子发育成熟，便脱离支持细胞，游离在管腔内。精子分头、颈、尾 3 部分，形似蝌蚪。头部多呈扁卵圆形，染色深，含有核物质，常深入足细胞的顶部胞浆中；尾部朝向管腔。精子发育成熟后即脱离曲精细管的管壁，游离在管腔中，随后进入附睾。精子是一种特化的细胞，成熟后具有前进运动的能力。

(6)附睾管　管壁由环形平滑肌纤维和假复层柱状纤毛细胞和基底细胞组成，柱状细胞有分泌作用，基底细胞紧贴基膜，外形为圆形或卵圆形，染色较浅，核呈球形，精子在附睾管内借助分泌液、纤毛运动和管壁蠕动来运行。

（二）卵巢组织学观察

1. 低倍镜观察

（1）生殖上皮　位于卵巢皮质的最外层，由单层立方上皮细胞所组成。马卵巢表面上皮仅分布于排卵窝。其余部分被浆膜覆盖（图 2-5）。

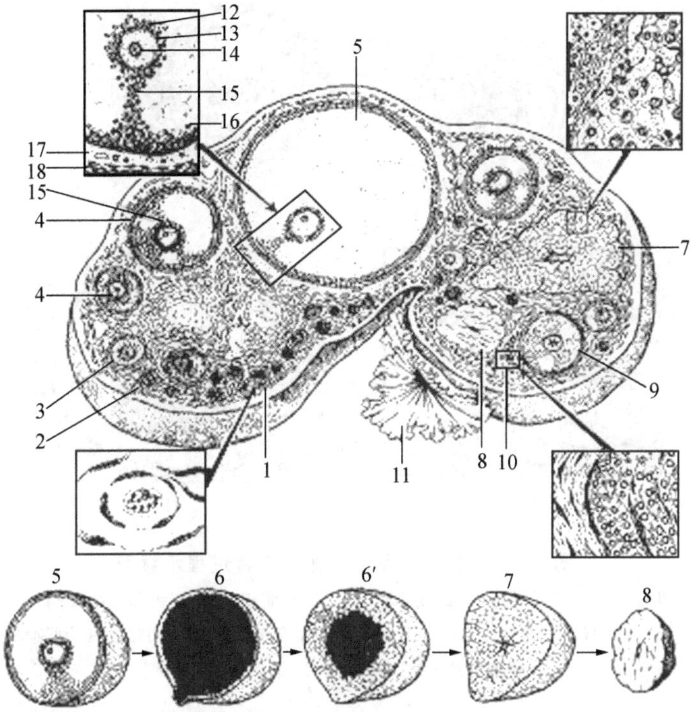

图 2-5　卵巢组织结构模式图

1. 原始卵泡　2. 初级卵泡　3. 次级卵泡　4. 三级卵泡　5. 成熟卵泡　6. 红体　6′. 黄体正在形成　7. 黄体　8. 白体　9. 闭锁卵泡　10. 间质细胞　11. 输卵管伞　12. 放射冠细胞　13. 卵子　14. 细胞核　15. 卵丘　16. 颗粒细胞　17. 卵泡内膜　18. 卵泡外膜

（2）白膜　位于生殖上皮下面的一薄层致密结缔组织。

（3）皮质部　位于白膜下面，是卵巢的外周部分（马的皮质部位于卵巢中央靠近排卵窝处）。皮质部由许多大小不等的发育卵泡、闭锁卵泡、少量黄体以及致密的结缔组织所构成，占卵巢的大部分，与髓质无明显界限。由于皮质部含有卵泡和产生卵巢激素的细胞，故称“功能层”。

（4）髓质部　位于卵巢中央（马的髓质部在卵巢周围），内含有许多细小的血管、神经和富有弹性纤维的疏松结缔组织。

在低倍镜下找出卵巢表面上皮和白膜，区分卵巢的皮质部和髓质部，挑选较清楚的各种卵泡部位，移至高倍镜下观察。

2. 高倍镜观察

（1）卵泡发育的观察　主要观察卵巢皮质部不同发育阶段的卵泡，卵泡是由位于中央的卵母细胞和围绕在卵母细胞周围的卵泡细胞所组成。有的卵泡在发育过程中可能退化而形成闭锁卵泡。根据发育程度不同，卵泡可分成以下几种类型（图 2-6、图 2-7）。

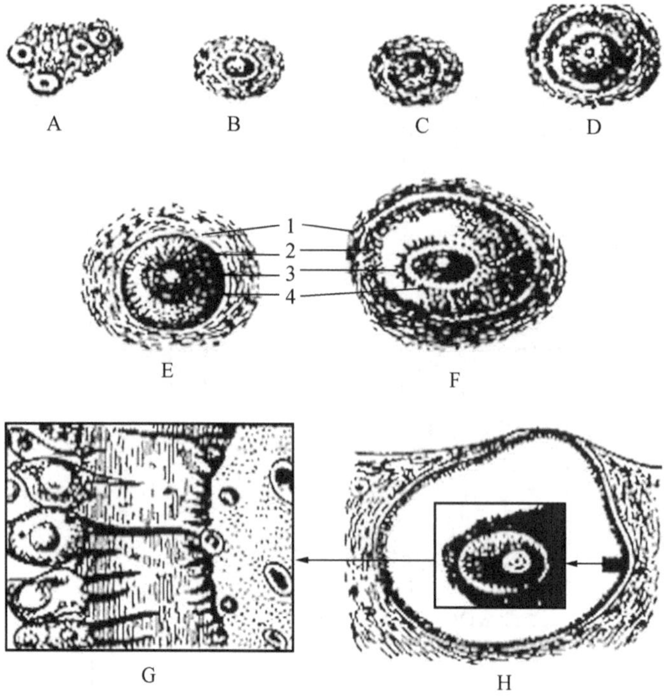

图 2-6 哺乳动物卵泡及卵子发育过程示意图

A. 原始卵泡 B. 初级卵泡 C. 次级卵泡 D. 三级卵泡 E. 三级卵泡(出现新月形腔隙)
F. 三级卵泡(出现卵丘) G. 卵黄膜的微绒毛部分伸延到透明带 H. 成熟卵泡
1. 卵泡外膜 2. 颗粒层 3. 透明带 4. 卵丘

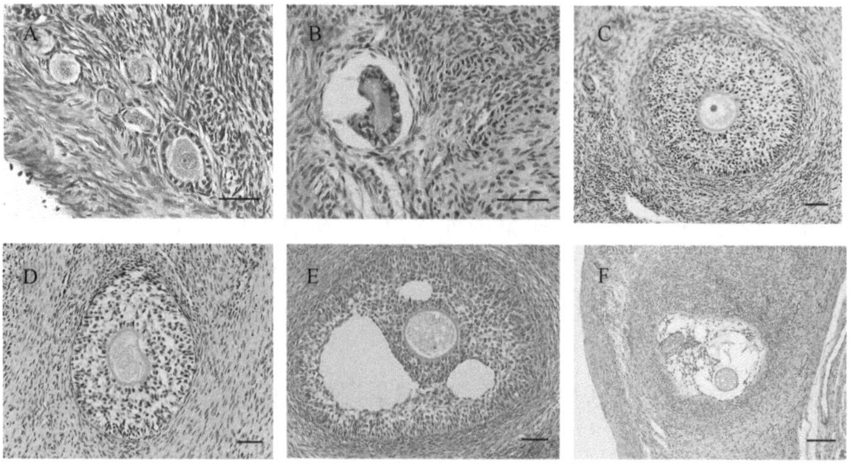

图 2-7 幼龄绵羊卵巢组织的 HE 染色

A. 正常的原始卵泡和初级卵泡 B. 闭锁的初级卵泡 C. 正常的次级卵泡
D. 闭锁的次级卵泡 E. 正常的三级卵泡 F. 闭锁的三级卵泡

①原始卵泡。位于皮质部最外层,呈球形。初级卵母细胞位于中央,周围包有一单层扁平的卵泡(颗粒)细胞。卵母细胞的体积比较大,中央有一个圆形的泡状核,核内染色质稀少,着色较浅,核仁明显。卵泡细胞体积小,核扁圆形,着色深。原始卵泡中的卵母细胞是由卵原细胞经过多次分裂增殖,最后停止于第1次成熟分裂前期的双线期,即初级卵母细胞。

②初级卵泡。呈球形,直径为30～50 μm,初级卵母细胞迅速生长,位于卵泡中央,周围包着一层立方或柱状的卵泡细胞。初级卵母细胞体积较大,中央有个圆形的泡状核,核内染色质稀少,着色较浅,核仁明显。胞浆中除含有少量线粒体和内网器以外,还含有少量卵黄颗粒。

③次级卵泡。初级卵泡经过发育和生长,即成为次级卵泡。卵母细胞体积基本不变,但外围的卵泡(颗粒)细胞生长,体积增大。卵母细胞由多层颗粒细胞所包围,其外形成卵泡膜。卵母细胞和颗粒细胞共同分泌黏多糖,聚集在颗粒细胞与卵黄膜之间形成透明带,并由颗粒细胞长出绒毛伸入到透明带内,为卵母细胞提供营养。此时卵泡腔尚未出现。

④三级卵泡。卵泡体积增大,颗粒细胞之间有液体形成并将它们分开,形成许多小卵泡腔。小卵泡腔逐渐合并为不规则的大卵泡腔。随着卵泡液的增多,卵泡腔进一步扩大,卵母细胞被挤向卵泡的一侧,并被包裹在一团颗粒细胞中,形成突出于卵泡腔的半岛,称为卵丘。其中初级卵母细胞逐渐发育增大,胞浆中卵黄颗粒增多。透明带周围的颗粒细胞呈放射状排列,称为放射冠。在卵泡基膜外形成两层卵泡膜,即血管性内膜和纤维性外膜。

⑤成熟卵泡,也称 Graafian 卵泡。其卵泡体积很大,贯穿于卵巢的皮质部,突出于卵巢表面,卵泡腔中充满卵泡液。此时初级卵母细胞成熟,核呈空泡状,染色质很少,核仁明显,胞浆内富含卵黄颗粒。卵泡膜的内外两层界线明显,内膜增厚,内膜细胞肥大,类脂质颗粒增多。由于卵泡液的增多,卵泡腔的扩大,颗粒层随之变薄,细胞排列整齐。为适于卵细胞的排出,有时可见到细胞分裂,透明带增厚,放射冠与周围的卵泡细胞之间出现裂缝,彼此的联系松弛。

牛、羊、猪的卵泡在排卵前(马在排卵后)初级卵母细胞完成第1次减数分裂,形成大小不等的2个细胞,大的称为次级卵母细胞,小的称第一极体。透明带变厚。极体呈卵圆形,位于卵周隙内,主要由核质构成,以后逐渐退化。所形成的次级卵母细胞随即开始第2次成熟分裂,但至中期(M_{II}期)时休止,其成熟分裂的恢复和完成是在受精过程中,产生合子(受精卵)和第二极体。

⑥闭锁卵泡。卵巢内各个发育阶段逐渐退化的卵泡叫闭锁卵泡,退化的卵母细胞存在于未破裂的卵泡中。初级卵泡退化后,一般不留痕迹。但生长卵泡退化时,可观察到萎缩的卵母细胞和膨胀塌陷的透明带。

(2)黄体　是排卵后卵泡有关组织发育而来的一种富含血管的内分泌器官。牛、羊、猪的黄体位于卵巢皮质,突出于卵巢表面,马的黄体则完全埋藏在卵巢基质内。黄体由粒性黄体细胞和膜性黄体细胞组成,粒性黄体细胞占多数,多位于黄体中部,细胞呈多面体,着色浅,排列紧密,含有球形细胞核;膜性黄体细胞体积较小,多位于黄体外周,围绕在粒性黄体细胞的周围或其间,核占胞体的大部分,核与胞质染色较深。黄体的中央有结缔组织。

四、作业

1. 绘出并注明睾丸曲精细管及其所含细胞的构造示意图。
2. 绘出并注明卵巢组织结构及卵泡发育各阶段示意图。

实验三　孕马血清促性腺激素效价的生物法测定

一、实验目的和要求

了解小鼠腹腔注射激素的方法,掌握母鼠生殖器官的获取方法以及孕马血清促性腺激素(PMSG,又称马绒毛膜促性腺激素,eCG)效价生物法测定的方法。

二、实验原理

PMSG 存在于妊娠 40～150 d 的母马血清中,它产生于双核或多核的滋养层细胞形成的杯状结构中。PMSG 兼有 FSH 和 LH 的生物学作用,可促进卵巢上卵泡发育和雌激素的分泌。其半衰期长,在生物效价测试过程中,一次注射即能达到预期的生物效应。

激素效价的生物测定方法有子宫增重反应、鸡冠发育反应、卵巢增重反应、排卵实验和阴道涂片检查等。本实验采用子宫增重反应,将 PMSG 按照不同稀释梯度作为测试组,处理后能使小鼠子宫重量较对照组增大 1 倍及以上者,判定为阳性反应,其中呈阳性反应的最小剂量即为 1 个小鼠单位(MU)。

三、实验仪器和材料

1. 实验动物

18～23 日龄,体重 9～13 g、健康的同源雌性小鼠(日龄相差不超过 3 d,体重相差不超过 3 g)。

2. 仪器及器械

1 mL 注射器、4 号针头、微量移液器(200 μL、5 mL)、相应规格的加样头、手术器械(解剖剪、镊子、眼科剪、直头眼科镊、弯头眼科镊)、小鼠解剖台、玻璃板、鼠笼、烧杯、电子天平、称量杯、解剖显微镜。

3. 药品

孕马血清或未知生物效价的 PMSG、酒精棉球、生理盐水。

四、实验内容

(一)测试样品的稀释

供测样品需用生理盐水按等差级数稀释成若干不同浓度的测试组。测定孕马血清或未知生物效价 PMSG 时,可以直接测定出每毫升(毫克)的效价值。妊娠母马血液中 PMSG 的含量较高(20～350 IU/mL),需要先按照一定比例稀释成测试组。

根据测试样品中PMSG可能的剂量及其特点,分别制定出各测试组的稀释方法。按下列公式确定需要加入生理盐水的体积。

$$X=\frac{A(C_1-C_2)}{C_2}$$

式中:C_1为已知浓度溶液,IU/mL或mg/mL;C_2为欲配浓度溶液,IU/mL或mg/mL;A为取C_1的体积,mL;X为需加生理盐水体积,mL。

1. 孕马血清测试组的确定

每取0.1 mL孕马血清,按表3-1加入不同量的生理盐水,稀释成不同浓度的测试组。

2. 未知生物效价的PMSG测试组的确定

马血清经过分离纯化制备的未知生物效价的PMSG,一般以冻干制剂形式存在,其效价比孕马血清高(PMSG纯品3.59 μg=1 IU),可先用生理盐水稀释成1 mg/mL,然后类似的按照表3-1稀释成不同浓度的测试组,只是将表3-1中的0.1 mL血清用0.1 mL PMSG稀释液代替。

表3-1　孕马血清稀释倍数折算小鼠单位表

组别	每0.1 mL血清(或0.1 mL PMSG稀释液)中加入生理盐水量/mL	稀释后浓度/(mg/mL)	每只鼠注射量/mL	注射鼠数/只	实际注入鼠体内血清(PMSG)量/mL
1	1.1	1/12	0.2	5	1/60
2	1.5	1/16	0.2	5	1/80
3	1.9	1/20	0.2	5	1/100
4	2.3	1/24	0.2	5	l/120
5	2.7	1/28	0.2	5	1/140
6	3.1	1/32	0.2	5	l/160
7	3.3	1/36	0.2	5	1/180
8	3.9	1/40	0.2	5	1/200
9	4.3	1/44	0.2	5	1/220
10	4.7	1/48	0.2	5	1/240

3. 对照组

在给测试组雌性小鼠注射测试样品的同时,给对照组雌性小鼠注射同样剂量的生理盐水。

(二)小鼠腹腔注射激素

1. 注射方法

用拇指和食指抓住小鼠颈部贴耳根处,以小指固定尾巴进行保定。以酒精棉球消毒其腹部,将1 mL一次性塑料注射器针头平插刺入腹腔,进入腹腔后向上挑,防止损伤小鼠腹腔内器官(图3-1A);也可抓住尾巴让其自然抓住鼠笼上的金属框(图3-1B)。注射完毕略停一下再拔出针头以免药液外渗。

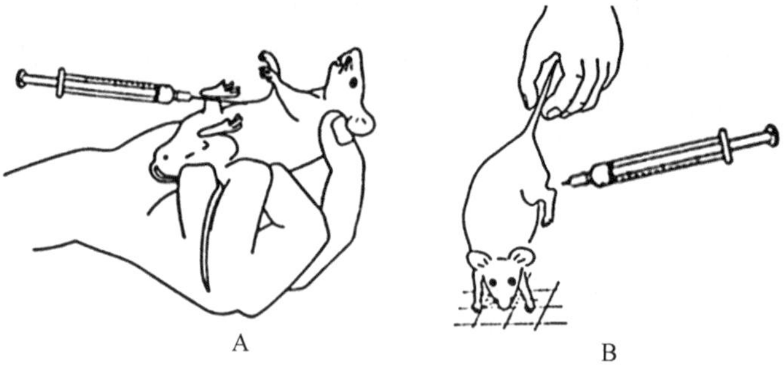

图 3-1　小鼠保定和腹腔注射激素的方法

2. 注射剂量

按各测试组要求，注射稀释成不同浓度的 0.2 mL 的孕马血清或未知效价的 PMSG。每个测试组需注射 5 只雌性小鼠。孕马血清或未知效价的 PMSG 只作一次注射。对照组亦为 5 只雌性小鼠，在每次给各测试组小鼠注射的同时，对照组注射同样剂量的生理盐水。

（三）剖检及称重

测试小鼠应在注射药物后的 72～76 h 内进行剖检。

（1）处死小鼠　采用颈椎脱臼法处死小鼠。

（2）剖腹　将处死的小鼠仰卧姿势固定在解剖台上，用酒精棉球消毒后沿腹中线剪开皮肤，剖开腹腔（图 3-2），向前方揭去肠胃内脏，即可在肾脏后方看到两侧呈乳白色的卵巢及与输尿管相平行的两子宫角（图 3-3）。

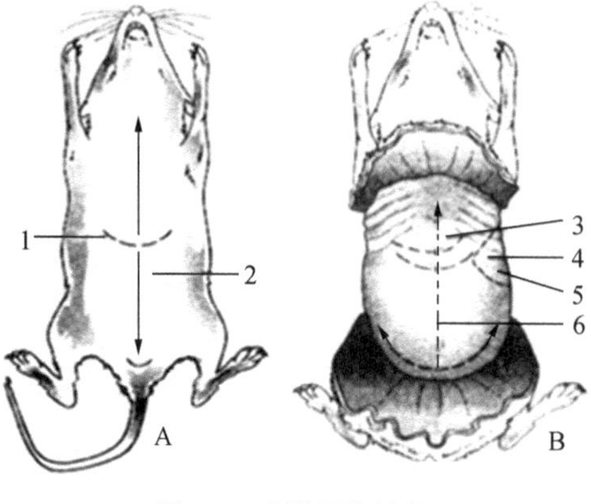

图 3-2　小鼠剖腹过程

A. 皮肤剪切过程　B. 腹腔剪切过程

1. 皮肤剪切　2. 皮肤剥离方向　3. 肝部

4. 腹膜　5. 脾脏　6. 腹腔剪切线

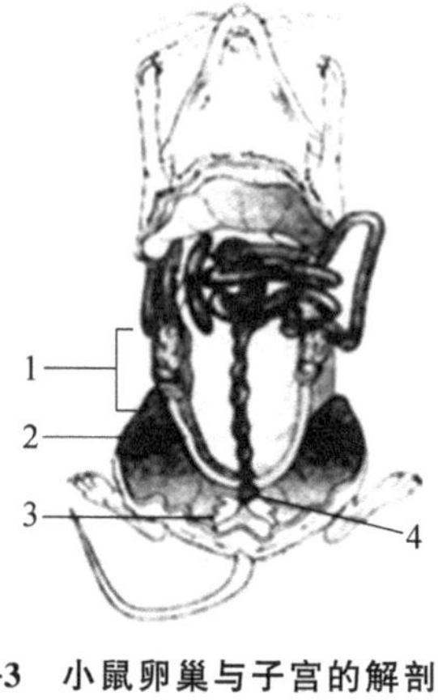

图 3-3　小鼠卵巢与子宫的解剖位置

1. 卵巢、输卵管、脂肪块　2. 子宫

3. 脂肪块　4. 膀胱

（3）组织剥离　将卵巢及子宫周围的组织剥离，于膀胱前的子宫颈段剪断，夹住子宫颈向上提起，即可将子宫及卵巢摘出（图 3-4）。

（4）剔除附属组织　按各测试组的顺序，将摘出的子宫平置于玻璃板上，剔除子宫周围的附属组织，并将卵巢从输卵管处分离（图 3-5）。为了防止子宫干涸，可滴上生理盐水浸润。

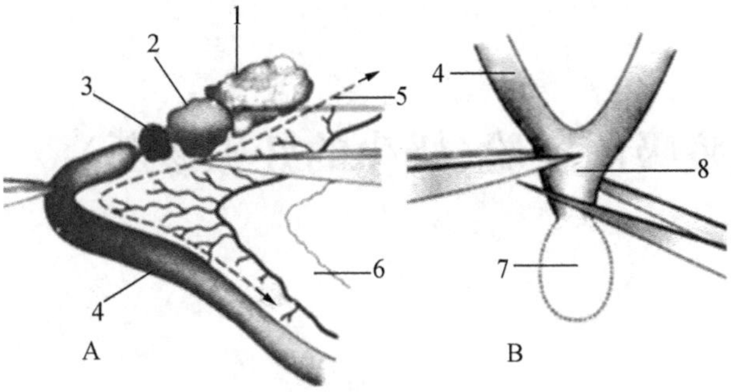

图 3-4　小鼠卵巢子宫的剥离

A. 子宫卵巢系膜的剥离　B. 子宫颈的剪切

1. 脂肪块　2. 卵巢　3. 盘曲的输卵管　4. 子宫角

5. 系膜剥离线　6. 系膜　7. 膀胱　8. 子宫颈

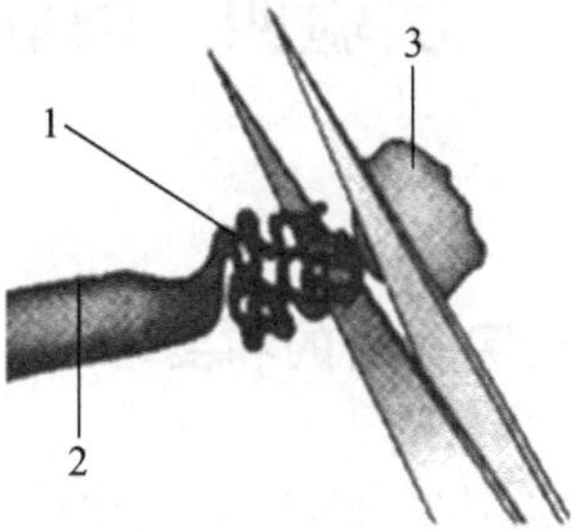

图 3-5　卵巢的分离

1. 输卵管　2. 子宫角　3. 卵巢

(5)称重　用电子天平称量小鼠两侧子宫(包括输卵管)的质量(mg)。

(四)效价确定

将各测试组雌性小鼠的子宫与对照组子宫相对比。在每组 5 只雌性小鼠中,若有 3 只鼠的子宫重量增大 1 倍,则确定该组为阳性反应组。将各测试组中呈阳性反应的最低浓度组的效价值确定为 1 MU,然后换算出每毫升孕马血清中含有的 MU。

(1)若稀释后被测样品浓度在 $1/X$ 以上的各组均呈阳性反应,则 $1/X$ 浓度的测试组即为呈阳性反应的最低浓度。

(2)实际注入鼠体的被测样品药液量为:

$$\frac{1}{X}\times\frac{1}{5}\ \mathrm{mL}=\frac{1}{5X}\ \mathrm{mL}$$

可以认为,$\frac{1}{5X}$ mL 的被测样品可使雌性小鼠的子宫呈阳性反应,即为 1 MU。那么,1 mL 的被测样品药液即能够使 $5X$ 个雌性小鼠的子宫呈阳性反应,即每毫升的被测样品药液中含有的生物效价即为 $5X$ MU。

五、作业

1. 计算被测样品中含有的 PMSG 小鼠单位数。
2. 简述小鼠卵巢的获取方法。

实验四　酶联免疫吸附实验(奶牛的妊娠诊断)

一、实验目的和要求

通过对牛血液或乳汁中的孕酮、妊娠特异蛋白 B(bovine pregnancy specific protein B，PSPB)进行酶联免疫吸附(enzyme-linked immunosorbent assay，ELISA)法检测，掌握 ELISA 法检测激素浓度的原理，了解通过检测血液/乳汁中孕酮、血液中 PSPB 浓度进行妊娠诊断的过程。

二、实验原理

奶牛配种后，如果妊娠，则周期性黄体转变成妊娠黄体，孕酮分泌量增加，通过检测乳汁中的孕酮浓度，可对奶牛妊娠情况进行诊断。在配种后的 20～25 d：奶牛乳汁中孕酮的含量大于 7 ng/mL 可判定为妊娠；小于 5.5 ng/mL 判定为未妊娠；介于 5.5～7 ng/mL 判定为可疑。

奶牛妊娠后，体内 PSPB 浓度开始缓慢上升，配种 30 d 左右妊娠奶牛与非妊娠奶牛浓度出现显著差别，分娩前浓度达到峰值。检测时通过颜色或将酶标仪读数与临界值进行比较，得出是否妊娠判断。

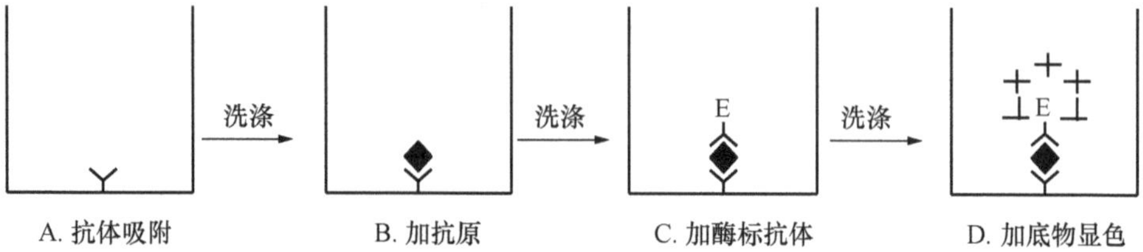

图 4-1　双抗体夹心法 ELISA 的原理和过程

三、实验仪器和材料

(一)实验材料

1. 乳汁

实验材料为乳汁的需配种后 20～25 d 的奶牛(也可增加准确诊断的未妊娠奶牛进行结果对比)。取乳汁 5 mL，2～8℃、4 000 r/min 条件下离心 10 min，去掉上部脂肪层，吸取下层水相 50 μL 用于检测。

2. 血液

实验材料为血液的，需产犊超过 75 d，且配种 28 d 后的母牛。如果是胚胎移植的母牛，以胚胎日龄算起,应达到 28 d 或更长时间。如果是青年母牛,可适当提前到 25 d。

采集奶牛尾部的血液样品。采血具体部位为离尾根 10 cm 左右第 4、第 5 尾椎骨交界中点凹陷处。将奶牛保定或由助手牵好,采血者左手离尾根部约 30 cm 托起牛尾,使其与水平线呈 45°左右。将采血部位用酒精棉球消毒,用采血器针头垂直刺入约 1 cm 深,针头触及尾骨后再退出 1 mm,抽取至少 2 mL 血液,4 h 之内进行离心(2 000*g*,20 min),移出血浆立即进行检测或于－20℃储存。

采样前详细记录牛只上次产犊时间、配种时间、年龄、胎次等繁殖情况,条件允许情况下也可记录后期 B 超检查或直肠检查结果,以备对 ELISA 结果进行验证。

(二)仪器设备

采血管或一次性连续试管采血器,移液器和一次性吸头,带有 650 nm(或 630 nm)滤光片的酶标仪,量筒和烧杯,手动或自动微孔板清洗机,微孔板盖子,封口膜,恒温孵箱,冰箱,洗瓶等。

(三)试剂配制

1. 试剂药品

孕酮抗体、辣根过氧化物酶(HRP)标记的孕酮抗体、Na_2CO_3、$NaHCO_3$、Tween-20、NaCl、KH_2PO_4、$Na_2HPO_4 \cdot 12H_2O$、邻苯二胺、柠檬酸、H_2O_2、H_2SO_4。

2. 溶液配制

(1)HRP 标记的孕酮抗体　工作稀释度 1∶1 000。

(2)包被液　0.05 mol/L 碳酸盐缓冲液(pH 9.6),4℃保存(Na_2CO_3 0.15 g,$NaHCO_3$ 0.293 g,蒸馏水稀释至 100 mL)。

(3)稀释液　PBS-Tween-20(pH 7.4),4℃保存(NaCl 8 g,KH_2PO_4 0.2 g,$Na_2HPO_4 \cdot 12H_2O$ 2.9 g,Tween-20 0.5mL,蒸馏水加至 1 000 mL)。

(4)洗涤液　0.01 mol/L Tris-HCl 缓冲液(pH 7.4)。

(5)邻苯二胺溶液　临用前配制,0.1 mol/L 柠檬酸(2.1 g/100 mL) 6.1 mL,0.2 mol/L $Na_2HPO_4 \cdot 12H_2O$ (7.163 g/100 mL) 6.4 mL,蒸馏水 12.5 mL,邻苯二胺 10 mg,溶解后,临用前加 30% H_2O_2 40 μL。

(6)终止液　2 mol/L H_2SO_4。

(7)孕酮梯度稀释液　见表 4-1。

表 4-1　孕酮梯度稀释液

标准品编号	1 μg/mL 的孕酮母液/μL	稀释液/μL	孕酮最终浓度/(ng/mL)
1	0	1 000	0
2	1	999	1
3	2	998	2
4	4	996	4
5	8	992	8
6	16	984	16

四、实验内容及操作步骤

(一)血液中孕酮浓度检测

1. 孕酮梯度稀释液的配制

ELISA 测定孕酮时,需将已知浓度的孕酮标准品稀释成不同浓度,测定光密度值,建立浓度与对应光密度值回归关系,通过回归关系计算未知样品的孕酮浓度。

按照表 4-1 配制孕酮梯度液,用于绘制标准曲线。

2. 孕酮梯度液的测定和标准曲线的绘制

(1)包被抗体 用包被液将孕酮抗体稀释成 25 μg/mL,每孔加 100 μL,37℃温育 1 h 后,4℃冰箱放置 16~18 h 或过夜。

(2)洗涤 倒尽板孔中液体,加满洗涤液,静放 3 min,反复 3 次,最后将反应板倒置在吸水纸上,使孔中洗涤液流尽。

(3)加孕酮梯度液 取 50 μL 不同浓度的孕酮梯度液,加入已包被的微量反应板孔内,其中孕酮浓度为 0 ng/mL 的稀释液为空白对照。加样后 37℃放置 2 h。

(4)洗涤 按步骤 2 洗涤。

(5)加 HRP 标记的孕酮抗体 每孔 100 μL,37℃放置 2 h。

(6)洗涤 按步骤 2 洗涤。

(7)加底物 邻苯二胺溶液加 100 μL,室温暗处 30 min。

(8)加终止液 每孔 50 μL。

(9)结果观察 以孕酮浓度为 0 的空白对照孔的结果作为校正酶标仪的零点。在 492 nm 波长下,测定其他样品孔的 OD 值。将对应孔的 OD 值填入作业表 4-2 中,并根据该表数据绘制标准曲线。

(二)乳汁中孕酮浓度测定

所有步骤同孕酮梯度液的测定和标准曲线的绘制部分,只是将第 3 步中添加孕酮梯度液换成待测乳汁(空白对照不变)。

重复测定待测乳汁 3 次,计算平均 OD 值,建立孕酮浓度与 OD 值的回归关系,确定孕酮浓度,并判断该待测乳汁是否来自妊娠奶牛。

(三)孕酮或 PSPB 的试剂盒检测

目前市面上孕酮或 PSPB 的 ELISA 检测试剂盒均有出售。两种物质的检测原理类似,但不同厂家的试剂盒操作过程不尽相同,在此仅列其基本流程,细节请按照试剂盒说明进行。

顺序添加样品缓冲液、标准品、样品→孵育、洗涤→添加快速检测剂→孵育、洗涤→添加快速增强剂→孵育、洗涤→添加 TMB 底物溶液→孵育、洗涤→添加终止液→读取吸光值、分析数据。

市售 PSPB 的 ELISA 检测试剂盒也有不需酶标仪读取吸光值,直接通过目视颜色来判断是否妊娠的产品。

五、注意事项

(1)采样过程中注意避免交叉污染。

(2)血样如需使用抗凝剂,推荐使用 EDTA,同时注意避免使用溶血。

(3)聚苯乙烯多孔板常有周边效应,孔边缘误差较大。因此,用酶标仪读数时尽量对准孔中央。

(4)使用聚苯乙烯反应板时,包被液宜用低离子强度和偏碱性的缓冲液。常用离子强度范围为 0.01～0.05 mol/L,这时,蛋白质容易被吸附。若缓冲液的 pH<6.0,会增加非特异性吸附力。在包被蛋白质过程中,为减少非特异性吸附,可在洗涤液中加入吐温-20(Tween-20),在待测样品稀释液或洗涤液中加入一定量的牛血清白蛋白(BSA),可减少非特异性吸附。

(5)包被物的浓度一般控制在 1～100 μg/mL。究竟用哪种浓度可用滴定法来确定。

(6)酶结合物与底物的作用随时间的延长而增强。有些底物会随着酶催化时间的延长而发生自发性变性,导致颜色反应加深而影响结果的判断。一般在 20～60 min 内用酶标仪测定 OD 值,且同一次实验中,相同检测应选择相同的时间。

(7)底物应在临用前配制,避光保存;包被液 4℃保存不宜超过 15 d,需较长时间保存应加 0.2%叠氮钠。

(8)稀释过后的标准品应丢弃,不可保存。不同批号的试剂不要混用。保质期前使用。洗涤酶标板时应充分拍干,不要将吸水纸直接放入酶标反应孔中吸水。

(9)使用干净的塑料容器配置洗涤液。使用前充分混匀试剂盒里的各种成分及样品。

六、作业

1. 填写表 4-2,并根据标准绘制标准曲线,计算孕酮浓度与光密度值之间的回归关系,然后利用回归关系计算奶牛乳样孕酮浓度。

表 4-2　孕酮梯度液 OD 值

样品分类	标准品(已知孕酮浓度样品)						奶牛乳样				
孔号	1(空白)	2	3	4	5	6	7	8	9	……	n
孕酮浓度/(ng/mL)	0	1	2	4	8	16	χ_1	χ_2	χ_3	……	χ_n
OD											

1 为空白对照,2～6 为标准品,7～n 为测试样品。

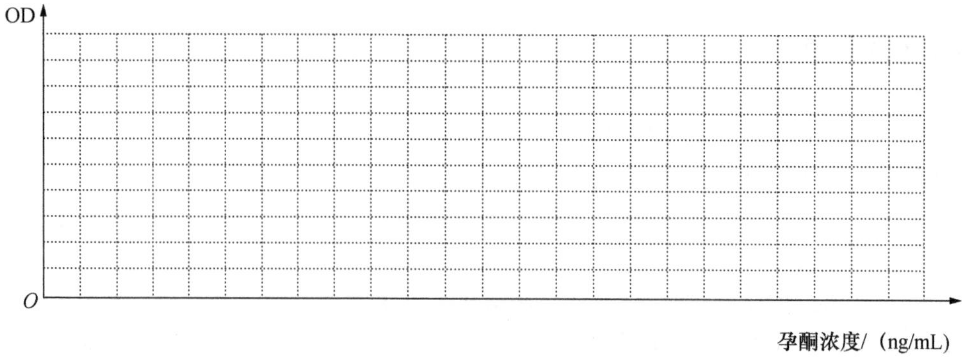

2. 计算孕酮或 PSPB 的浓度，并判断该配种奶牛是否妊娠。

3. 检测过程中可能会出现假阳性、假阴性结果，试由样品、试剂、操作方法等方面思考原因。

4. 根据检测结果，结合牛只繁殖记录对检测结果进行分析。

5. 查阅有关孕酮与 PSPB 的资料，预测在多种情况下（如妊娠、未妊娠、配种后 28 d 以内检测、产犊后 75 d 内检测、胚胎早期死亡等）可能出现的检测结果。

实验五　精液品质的感官检查、精子的活率(力)与密度检查

一、实验目的和要求

熟悉感官检查精液品质的方法；掌握精子活率(力)、密度的评定方法；测定精液中有效精子数；掌握不同稀释倍数下精子计数的重复率和准确度。

二、实验仪器和材料

1. 实验材料

选用牛、羊、猪、马、驴、兔任意一种动物的精液。

2. 实验器械

显微镜、显微镜恒温台、载玻片、盖玻片、大搪瓷盘、温度计、滴管、镊子、漏斗、玻璃棒、红细胞及白细胞稀释管、血(色素)吸管、血细胞计数板、光电比色计、试管、吸管、擦镜纸、纱布等。

3. 其他

测定精子密度的投影图、血细胞计算盘构造图及有关图表。

三、实验内容及方法

(一)精液的感官检查

1. 射精量

将采集的新鲜精液倒入有刻度的试管或集精杯，测其容量。通常，猪、马、驴测其滤精量，即精液应先用灭菌纱布或特制过滤纸过滤，去除精液内含有的胶状分泌物后再测量。不同动物的平均射精量(mL)分别为：马 70(30～100)，驴 50(20～80)，牛 6(3～10)，羊 1.0(0.5～2.0)，猪 250(200～500)，兔 1.2(0.5～2.0)。每头雄性动物的射精量一般均保持在一定的范围内，如果精液量太多可能是由于过多的副性腺分泌物或其他异物(尿、假阴道漏水)混入；如果射精量太少，可能是由于采精不当、采精过频或生殖器官机能衰退等造成。实践中，评定雄性动物的射精量，应以一定时间内多次射精总量的平均值为依据。

2. 色泽

观察精液的色泽并嗅闻气味。动物正常精液的色泽一般为乳白色、浅黄色或浅乳黄色，因动物品种和个体不同而有浓稠和稀薄的差异，精子密度越高，色泽越深；反之，则越淡。马、猪、兔精液稀薄，为淡乳白色或灰白色；牛、羊精液浓密，为浓乳白色或浅乳黄色，其黄色是含有核黄素之故。凡颜色异常的精液表明雄性动物生殖器官可能有疾病，如精液呈淡绿色是因混有

脓液，呈淡红色是因混有血液，呈尿黄色则可能是混有尿液，均应弃掉或停止采精，并应及时查明病因，给予治疗。

3. 气味

正常精液无味或略带腥味。有的动物精液带有本身固有的气味，如牛、羊精液略有膻味。气味异常者，常伴有色泽的改变。

4. pH

加 1 滴精液于 pH 试纸上，与标准色板对照来确定其 pH。一般新采集的原精液 pH 近中性，牛、羊精液呈弱酸性，而猪、马精液呈弱碱性。

5. 云雾状

取 1 滴精液滴于载玻片上，可不加盖玻片，用低倍显微镜观察精液的云雾状，是否翻腾滚动，主要反映的是高密度和高活率精液的综合指标。牛、羊精液可见翻腾滚动的云雾状，猪、马精液无此现象。可按以下符号记录，"＋＋＋"表示云雾状显著；"＋＋"表示有云雾状；"＋"表示云雾状不明显。

（二）精子活率（力）评定

活率（力）是评定精液品质优劣的重要指标之一。受精能力与直线前进运动精子数密切相关，一般活率为 50%～80%，输精后受精力差别不大；而低于 50%者，对受精力影响较大。

取 1 滴精液或稀释的精液（牛、羊精液密度大，需用 0.9%NaCl 溶液同温稀释；马、猪精液密度低，可不需稀释），滴在载玻片上，盖上盖玻片，在配有恒温台、温度保持在 38～40℃的显微镜下放大 200～400 倍观察。

精子的活动有 3 种类型：直线前进运动、旋转运动和原地摆动，评价精子活率是根据直线前进运动精子数而定。

$$\text{精子活率} = \frac{\text{呈直线前进运动的精子数}}{\text{总精子数}} \times 100\%$$

公式中，分子也可用"总精子数－非直线前进运动精子数"来表示。

目前评定精子活率等级的方法有 2 种。

十级制——最常用的评分法。将精子活率分别划分为 1.0，0.9，0.8，0.7，…，0.1 等 10 个等级。直线前进运动精子为 100%者评为 1.0 级（实际不存在）；90%者评为 0.9 级，依此类推。

五级制——全部精子都呈直线前进运动，属于"5"级；绝大多数精子（约 80%）呈直线前进运动为"4"级，直线前进运动的精子略多于半数者（约 60%）为"3"级；不及半数者为"2"级；呈直线前进运动的精子数目极少者属"1"级。

牛、羊的精液中由于副性腺分泌物少，一般要求新鲜精液不低于"中 5"（密度为"中"，活率为"5"）或"中 4"（密度为"中"，活率为"4"）才能作为输精之用。马与猪的精液中副性腺分泌物多，即"稀 5"甚至"稀 3"的亦可用于输精。

在检查活力时，为了取得比较客观的评定结果，应在一个玻片上制作 2 个样品，每个样品观察 3～5 个视野，最后综合评定活力。目测评定活力简单易行，但带有一定的主观性，正确的评定需要丰富的实践经验。目前种公牛站及条件较好的人工授精站都有显微电视装置，显示精子图像可供多人观察。因此，可以综合做出比较客观的评定。

(三)死活精子百分率测定

利用精子膜的半透性，阻止色素侵入原理。活精子膜能够维持细胞膜的半透性；而死精子的细胞膜特别是头部核后帽的通透性增强，易着色，死亡时间越长，染色越深。精子的死活染色与精子活率高度相关，但所测得的活精子百分率总是要比精子活率高。

操作方法：取小试管 1 支，内盛 1%刚果红染液 1 mL，加入精液 0.1～0.2 mL(1～2 滴)，置于 37℃水浴浸染 15～20 min，滴 1 滴于载玻片一端上，再加 1 滴 5%苯胺黑或苯胺蓝，充分混匀后，马上抹片，即可在显微镜下放大 600 倍观察，死精子着红色，活精子不着色。计数 200 个精子即可算出死活精子的百分率。

$$活精子百分率=\frac{活精子数}{总精子数}\times 100\%$$

(四)精子密度检查

测定精子密度通常有 3 种方法：估测法、血细胞计数法和光电比色法。

1. 估测法

取一小滴原精液于洁净的载玻片上，盖上盖玻片，使精液分散成均匀的一薄层，不得有气泡存留，也不能使精液外流或溢出于盖玻片上。置显微镜下放大 400～600 倍观察，按下列等级评定其密度(图 5-1)。

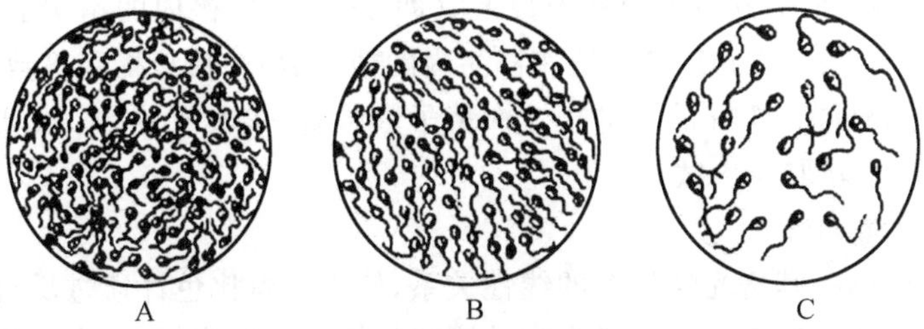

图 5-1　精子密度示意图

A. 密　B. 中　C. 稀

密——在整个视野中精子密度很大，彼此间空隙很小，看不清各个精子运动情况，这一级属于“密”，每毫升精液含精子数约在 10 亿以上。

中——精子之间空隙明显，精子彼此间距离约有一个精子的长度。有些精子的活动情况可以清楚地看到。这种精液的密度评为“中”，每毫升精液所含精子数在 2 亿～10 亿。

稀——视野中精子稀疏、分散，精子之间的空隙超过一个精子的长度，可清楚地看到单个精子的运动情况。这种精液每毫升所含精子数在 2 亿以下。

估测法评定精子密度，主观性大，误差也较大，但方法简便，通常与活率检查同时进行，在生产上有一定参考意义。

2. 血细胞计数法

利用血细胞计数板计算精子密度时应先对精液进行稀释，一般先用 3% NaCl 溶液稀释并杀死精子，以便于清晰的观察和计数。牛、羊精液一般稀释 100～200 倍，猪、马精液一般稀释 10～20 倍。将稀释后混匀的精液一小滴，滴在血细胞计数板上盖玻片的边缘，精液会自行渗入计数室，静置 1～2 min 后，置显微镜下观察。

血细胞计数板计数室底部为正方形，长宽各是 1 mm，高度为 0.1 mm，体积为 0.1 mm^3。计数室共有 25 个中方格，每个中方格又划分为 16 个小方格，一般只计正中和四个角的 5 个中方格的精子数(图 5-2)。显微镜放大 400～600 倍，抽样观察计数室内的精子数。为了使计数准确，避免计数重复或遗漏，在计数每个中方格内的精子时，其顺序可由上而下，由左而右，再由右到左的连续方式进行计数每个小方格内精子。计数以精子头部为准：凡是头部落在方格(即未触及边线的)及其触及左限线和上限线的，均计算为本方格内的精子数；凡是头部落在右限线和下限线上的，均不属于本方格内精子。简言之，对于压线精子的计数是数头不数尾，数上不数下、数左不数右(图 5-2)。

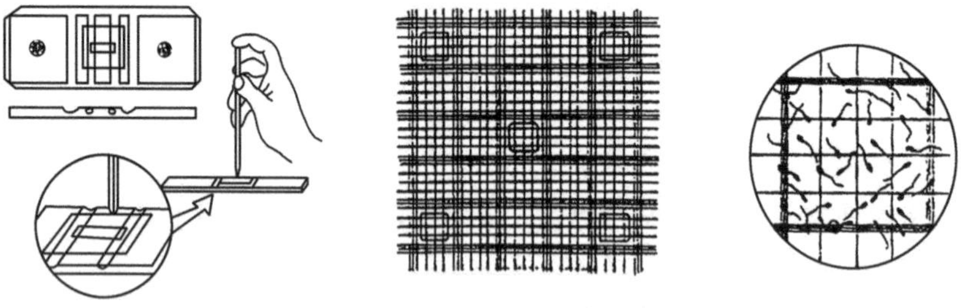

图 5-2 血细胞计数法对精子计数的示意图

统计出 5 个中方格内精子总数后，再代入公式计算，换算出 1 mL 精液中的精子数。1 mL 原精液内的精子数＝5 个中方格内的精子数×5(即 25 个中方格内的精子数)×10(即 1 mm^3 内的精子数)×1 000(等于 1 mL 被检精液样品内的精子数)×精液稀释倍数。

为了减少误差，对同一个样品应进行 2 次精子数检查，求其平均数，如果 2 次检查的数值相差 5%以上时，应重新取样再做检查。

3. 光电比色计测定法

利用精子密度越高，其透光性越差的线性关系，使用光电比色计通过反射光或透射光的强度变化，检测精子密度。以 721 型分光光度计测定猪精液密度为例，测定方法如下。

(1)精液样品的稀释　取精液样品 50 μL，注入盛有 3 mL 猪精液稀释液的比色槽中，做 60 倍稀释，并充分混匀，同一样品可制备 2～3 个比色槽，同时比色。

(2)波长的选择　用波长 540 nm 进行比色。

(3)预热　操作前，接通电源，预热 10～30 min，待光电计性能趋于稳定开始测定。

(4)零点调节　用零点调节器准确地校正微电流计的光亮点至光密度标尺的 0 位上。

(5)标准曲线的绘制(实验前一般由教师或实验员制作)　将精液进行梯度稀释，血细胞计数法测得精子密度，分光光度计测得相对应的光密度值，以精子密度为横坐标，光密度值为纵坐标，绘制一个标准曲线。

(6)样品测定　打开比色槽暗箱盖，将 4 只比色槽中第一槽装猪精液稀释液 3 mL，后三槽(或两槽)为稀释好的精液样品，放入暗箱内盖好，将第一槽推入光路，轻轻转动光亮调节器，使光亮点中线准确地对准光密度 100 的刻度上，调节好后，即可进行精液样品的比色测定，将比色槽定位拉杆轻轻拉出一格，使第二个比色槽进入光路。此时，微电流计标尺中的光亮点所指示的读数即为该溶液的光密度值。依此测定第 3、第 4 槽的光密度。在标准曲线中查找与待测样光密度值所对应的精子密度，乘以稀释倍数，就得到待测样品精子密度。

(7)测定中要注意的问题　①取样要准确，稀释后要充分混匀。②电源要稳压，最好有稳压器。③测定每一个样品时,都要校正零点。④每个样品测定 2～3 槽,所测数值差超过 0.03,必须重测,数值差低于 0.03 时,取其平均值。

目前,种公牛站已基本采用新型自动检测系统测定精液的密度(图 5-3)。IMV 精液密度测定系统有数字显示光度计、自动定量计,可吸取固定剂量的精液和稀释液进行自动稀释,每次测定只需 0.04 mL 精液,操作迅速而精确,数字打印机在纸带上打印出测得的数据(日期、牛号、密度、采精量、应加稀释液的量、能分装细管的数量)等信息。

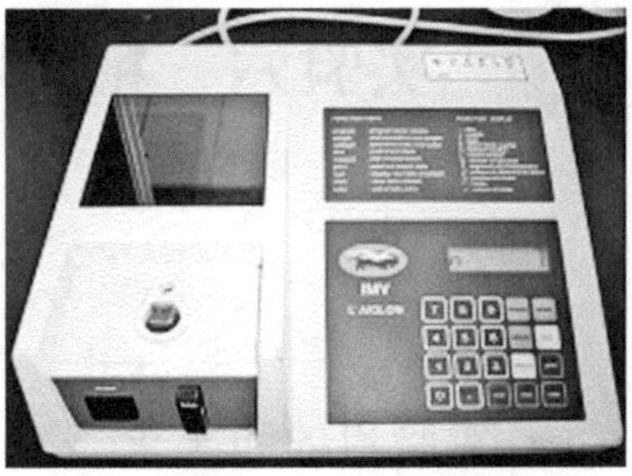

图 5-3　测定精子密度的光度比色计

(五)每头份冷冻精液中有效精子数的测定

1. 解冻精液的定量和活率评定

随机取一份精液,用常规方法解冻后,如果是细管精液,将其注入含有 1 mL 2.9%柠檬酸钠溶液或维生素 B_{12} 注射液的试管内并混匀;如果是颗粒,解冻精液,用经解冻液冲洗后的 2 mL 吸管准确量取解冻精液的体积,然后评定出精子活率。

2. 应用血细胞计数法测定并计算出定量精液内的精子数量

3. 按下列公式计算

(1)细管精液

每头份有效精子数＝测定出的每毫升细管精液精子数×(1＋细管标注精液体积)

式中:细管标注精液体积单位是 mL。

(2)颗粒精液

每头份有效精子数＝测定出的每毫升颗粒精液精子数×量取的解冻精液体积

式中:量取的解冻精液体积单位是 mL。

四、作业

1. 将本次实验所测结果分别填入下表。

动物类别	动物编号	采精时间(年月日)	射精量/mL	色泽	气味	云雾状	密度	活率	活精子百分率/%

2. 分析所得数值和一般常数值的差异。

3. 计算出本次实验冷冻精液每头份的有效精子数。

实验六　精子畸形率、顶体完整率和存活时间、存活指数的测定

一、实验目的和要求

掌握测定精子畸形率的操作要点；学习精液抹片染色方法；掌握通过顶体染色观察正常精子顶体和异常精子顶体形态，计算精子顶体完整率；掌握精子存活时间和存活指数的测定方法。

二、实验仪器和材料

（一）实验材料

任选一种雄性动物的新鲜精液或解冻后的冷冻精液。

（二）实验器械

生物显微镜（配有 1 000×油镜）、冰箱、温度计、广口保温瓶、载玻片、盖玻片、5 mL 试管、1 mL 及 2 mL 吸管、玻璃棒、滴管、红布、染色缸、染色架、贮精小瓶、玻片镊、注射器、纱布等。

（三）实验试剂

1. 0.5%龙胆紫酒精溶液

将 0.5 g 龙胆紫溶于 100 mL 的 96%酒精中。

2. 酒精固定液

40%甲醛（福尔马林）12.5 mL 加入 96%酒精 87.5 mL 中混匀。

3. 福尔马林磷酸盐固定液配制

（1）称取 2.25 g $Na_2HPO_4 \cdot 12\ H_2O$ 和 55 g $NaH_2PO_4 \cdot 2\ H_2O$，置于 100 mL 容量瓶，加入 0.9%NaCl 溶液约 30 mL，30℃静置 3～4 h 使之溶解。

（2）加入经 $MgCO_3$ 饱和的甲醛溶液 8 mL，其配制方法是在 500 mL 甲醛中加入 8 g $MgCO_3$，提前 1 周配制，使 pH 由原来 3.84 提高到 5.0 左右。

（3）加 0.89%NaCl 溶液至 100 mL，静置 24 h，pH 为 7.0～7.2。

4. 磷酸盐缓冲液配制

称取 2.2 g $Na_2HPO_4 \cdot 12\ H_2O$ 和 0.55 g $NaH_2PO_4 \cdot 2\ H_2O$，置于 100 mL 容量瓶中，加入约 30 mL 蒸馏水，待溶解后，用蒸馏水定容至 100 mL，pH 为 7.0～7.2。

5. 姬姆萨原液配制

称取姬姆萨染料 1 g，甘油 66 mL，甲醇 66 mL，将研细的姬姆萨染料加入少量温热（60℃）

的甘油，在研钵内研磨直至完全无颗粒呈匀浆，加入剩余的甘油，置56℃恒温箱2 h，分次用甲醇清洗容器，于棕色瓶保存，2周后使用，此原液放置时间越长越好，使用前过滤。

6. 姬姆萨染液的配制

根据每个抹片需染液2 mL来确定所需染液量，配置好的染液需立即使用，放置时间过长会使染色效果减退。

姬姆萨染液的配制方法为原染液、缓冲液、蒸馏水的比例为2∶3∶5。

7. 苏木精-伊红染液的配制

(1)苏木精染液　将苏木精溶于无水乙醇，将硫酸铝溶于水，两液混合加热煮沸2 min，加入碘酸钠及柠檬酸。

(2)伊红染液　取1 g伊红，溶于200 mL无水乙醇中，得到0.5%伊红溶液。

8. 配制的各种精液稀释液

三、实验内容和观察要点

(一)精子畸形率的测定

1. 抹片

以滴管吸取一小滴精液，平滴在载玻片的右端，取另一边缘光滑平直的载玻片(或盖玻片)呈35°角自精液滴的左面向右接触样品，样品精液即呈条状分布在两个载玻片接触边缘之间，将上面的载玻片贴着平置的载玻片表面自右向左移动，带着精液滴均匀地涂抹在载玻片上。制作另一抹片时，须重新换取载玻片，在抹片的右端背面用特种铅笔注明标号，每份精液样品须同时制作2个抹片(图6-1)。

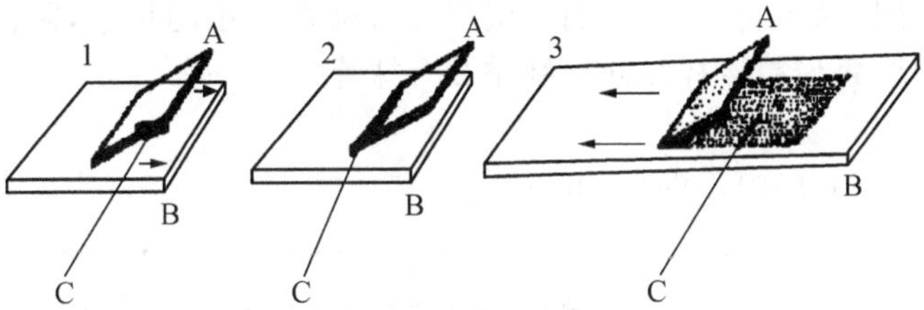

图6-1　精液抹片方法

A. 载玻片或盖玻片　B. 载玻片　C. 精液

注意：①在做抹片时，切忌将精液滴“推”过去，否则易造成精子的人为损伤。②如所检测的是牛、羊原精液，做抹片前，精液需用0.9%NaCl作1～2倍的稀释，以形成分散的精子分布，便于显微镜下观察。

2. 抹片于空气中自然晾干

3. 固定染色

用下列两种方法之一固定染色。

(1)用0.5%龙胆紫酒精溶液染色3 min，水洗、待晾干即可镜检，也可用蓝墨水染色。

(2)置于酒精固定液固定5～6 min，取出水冲洗，阴干或烘干，用蓝墨水染色3～5 min，再用水冲洗，待干燥后镜检。

4. 镜检

将制好的抹片置于显微镜下，查数不同视野的 200 个精子，计算出其中所含的畸形精子数，求出畸形精子百分率。

形态和结构不正常的精子称为畸形精子。正常牛、羊精液，畸形精子率一般不超过 15%，超出 20%以上者不宜用于输精或制作冷冻精液。根据精子形态变化的不同部位，畸形精子一般分 4 类(图 6-2)。

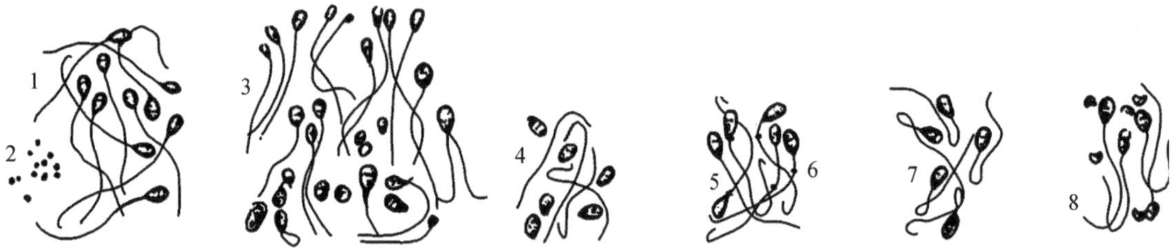

图 6-2 畸形精子类型图

1. 正常精子 2. 游离原生质滴 3. 各种畸形精子 4. 头部脱落 5. 附有近侧原生质滴 6. 附有远侧原生质滴 7. 尾部扭曲 8. 顶体脱落

(1)头部畸形 头部巨大、瘦小、细长，圆形或双头，缺损皱缩，轮廓不明显等。

(2)颈部畸形 颈部膨大，纤细，曲折，双颈，带有原生质滴等。

(3)中段畸形 中段膨大，纤细，弯曲，曲折，双体，不全等。

(4)主段畸形 主段弯曲，曲折回旋，短小，长大，缺陷，双尾等。

(二)精子顶体检查

1. 抹片

将需测定的精液样品摇匀，在精液的中层用吸管吸取一小滴精液，制作精液抹片，并做精液抹片正反面的标记，每份精液样品同时制作 2 个抹片。

2. 风干

自然干燥 5～20 min 后固定染色，不可久置。

3. 固定

将风干抹片平置于染色架上，用滴管吸取 1～2 mL 福尔马林磷酸盐缓冲固定液，滴在抹片上，轻轻摇动，使固定液布满整个抹片表面，静置固定 15 min。

4. 水洗

用玻片镊夹住抹片一端，将固定液弃入染色缸内，在蒸馏水缸中涮洗，取出立于瓷盘边自然晾干。

5. 染色

将固定风干后的抹片平置于染色架上，选用下列任意一种染色液进行染色。

(1)用滴管吸取新配制的姬姆萨染色液 2 mL，自左向右滴在涂片上，使染液均匀布满抹片上，静置染色 90 min。

(2)取苏木精染液，滴于风干后的抹片上，静置 15 min，用蒸馏水洗去染色液，待其自然风干后，再用 0.5%伊红复染液滴于经苏木精初染的抹片上复染 2～3 min。

6. 水洗

用步骤 4 的方法水洗除去抹片上的染色液，每张抹片经数次涮洗，直至水洗液无色为止，风干。

7. 观察

将精液样品抹片置于生物显微镜下油镜或者相差显微镜高倍镜观察 300 个精子，并统计出顶体完整的精子数。要求检查的两张抹片精子顶体完整率差异不超过 15%，求其平均值，即为样品精液的顶体完整率。

在顶体染色中，用姬姆萨液染色，精子顶体呈紫色；用苏木精—伊红液染色，精子的细胞膜呈黑色，顶体和核染成紫红色。

$$\text{顶体完整率}=\frac{\text{顶体完整精子数}}{\text{精子总数}}\times 100\%$$

按照精子形态，细胞膜及顶体的完整与否，将精子顶体结构分为 4 种类型(图 6-3)。

(1)顶体完整型　精子头部外形正常，细胞膜和顶体完整、着色均匀、顶脊、赤道段清晰。

(2)顶体膨变型　顶体着色均匀，但头部边缘不整齐呈畸形，核前细胞膜不明显或部分缺损。

(3)顶体破损型　顶体着色不均匀，顶体脱离细胞核，形成缺口或陷凹。

(4)顶体全脱型　赤道段以前的细胞膜缺损，顶体已全部脱离细胞核。

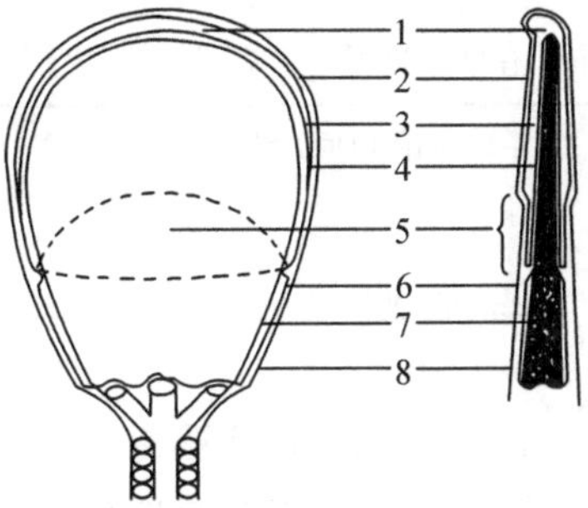

图 6-3　精子头部构造模式图

1. 顶体　2. 细胞膜　3. 顶体囊　4. 顶体囊内膜　5. 赤道段　6. 核后帽　7. 核膜　8. 细胞膜

(三)精子存活时间的测定

1. 精液处理

将采得的新鲜精液立即稀释 (2～3 倍)，测定其精子活率，缓慢降温至 5℃，放入同温度的广口保温瓶或冰箱内保存(或置于 35～37℃水浴锅或恒温箱内)。

2. 定时评定精子活率

每隔 4～6 h，采用无菌操作方法取一滴精液于载玻片上，加盖玻片，置于 37℃下镜检精子活率，记录结果。如此检查直到无直线运动的精子为止。

3. 存活时间的计算

精子存活时间是由第 1 次评定精子活率开始计时至倒数第 2 次评定精子活率所经历的时间，再加上最后 1 次至倒数第 2 次评定精子活率所需时间的 1/2。为此，对于倒数第 1 次和第 2 次精子存活时间的处理是采用折中的方法，以尽可能接近精子实际存活时间。

(四)测定精子存活指数

根据测定出的精子存活时间、每次定时评定的精子活率及间隔时间，即可求出精子的存活指数。以表 6-1 为例，说明精子的存活时间及精子的存活指数的计算方法。

注意事项：①评定精子活率时，温度应为 37℃，否则会影响评定结果的准确性。②整个实验期间，贮精瓶内的精液温度保持恒定；取样观测时，须无菌操作，以防止整个贮精瓶内精液被污染。

表 6-1 精子存活时间及存活指数计算表

检查时间		两次检查间隔时间/h	精子活率评定	两次检查平均活率	每两次检查活率平均值与间隔时间乘积(A)
日期	时间				
6月1日	6:00	0	0.9	—	—
	12:00	6	0.7	0.8	4.8
	18:00	6	0.5	0.6	3.6
	24:00	6	0.3	0.4	2.4
6月2日	6:00	6	0.2	0.25	1.5
	12:00	6	0.1	0.15	0.9
	18:00	6	0.0	0.05	0.3
精子存活时间/h	30+6/2=33 h		精子存活指数 / $\sum A$	13.5 h	

注：A=间隔时间×活率。

四、作业

1. 计算出本次实验冷冻精液每头份的精子畸形率。
2. 将本实验所检查的精子顶体完整情况的实验结果填入下表。

动物品种(号)： 精液类型： 精子活率：

抹片号	顶体完整型/个	异常顶体/个			顶体完整率/%	平均顶体完整率/%
		顶体膨变型	顶体破损型	顶体全脱型		
(1)						
(2)						

3. 列表计算本实验所检测的精液精子存活时间及存活指数。

检查时间		两次检查间隔时间/h	精子活率评定	每两次检查的平均活率	每两次检查活率平均值与间隔时间乘积(A)
日期	时间				
精子存活时间/h				精子存活指数 / $\sum A$	

实验七　公畜精液的保存技术

一、实验目的和要求

精液保存是一项重要的繁殖技术。通过本次实验，要求基本掌握动物精液的常温、低温和冷冻保存的操作流程及保存方法。

二、实验仪器和材料

1. 材料

牛、羊、猪的新鲜精液。

2. 药物

葡萄糖、蔗糖、柠檬酸钠、二甲基亚砜(DMSO)、氨基乙酸、三羟基甲基氨基甲烷(Tris)、甘油、鸡蛋、青霉素、链霉素。

3. 仪器用具

精液冷冻仪、冰箱、液氮罐、恒温水浴锅、显微镜(有恒温载物台)、分析天平、广口保温瓶、保温杯、温度计、低温温度计、长柄钳、镊子、集精瓶、胶头吸管、铝盒、烧杯(500 mL)、量筒(100 mL、25 mL)、三角烧瓶(100 mL)、瓷盆、纱布、棉花、载玻片、玻璃棒、捞筛等。

4. 其他

冰块、液氮、酒精、注射器等。

三、实验内容和观察要点

(一)精液的常温保存

常温保存的温度一般是15～25℃。以猪精液常温保存为例，其操作方法为：

1. 稀释液的配制

准确称取葡萄糖5.0 g、EDTA 0.1 g、柠檬酸钠0.3 g，加入消毒干燥的量杯内，用蒸馏水稀释至100 mL，溶解后用滤纸过滤，然后密封，高压灭菌后，冷却。使用前另加入青霉素和链霉素各10万IU。

2. 精液的稀释

将稀释液放入水浴锅中预热至37℃，以精液温度为标准，使两者同温度。取活率为0.7以上的猪新鲜精液，将稀释液与精液按2∶1的比例沿杯壁缓缓加入精液中，边加边用灭菌玻璃棒缓慢搅匀。

3. 保存

将稀释后的精液用试管或小瓶分装后，用数层毛巾将其包裹，放入15～20℃(17℃)恒温箱中使其逐渐降温，保持温度恒定。

(二)精液的低温保存

低温保存的温度一般是0～5℃。以羊精液低温保存为例，其操作方法如下。

1. 稀释液的配制

准确称取葡萄糖0.8 g、二水柠檬酸2.8 g，放至消毒干燥的量杯内，用蒸馏水稀释至100 mL，溶解后用滤纸过滤，然后将其密封，高压灭菌，冷却。使用前取80 mL加入卵黄20 mL，青、链霉素各10万IU。

2. 精液的稀释

将稀释液放入水浴锅中预热至37℃。取新鲜精液，在38～40℃下用显微镜检查，精子活力不低于0.6。将稀释液按1∶1的比例，沿杯壁缓慢加入精液中，进行等温稀释，边稀释边搅拌混匀。

3. 精液的保存

将稀释的精液分装后，用数层毛巾将其包裹，装入塑料袋内，放入4℃冰箱中使其逐渐降温保存，温度保持不变。

4. 升温

低温保存的精液在输精前，将存放精液的试管或小瓶直接投入30℃温水中进行升温处理。

(三)精液的冷冻保存

精液冷冻保存的一般是将精液保存在－79℃(干冰)或－196℃(液氮)下。以牛精液冷冻保存为例，其操作方法如下。

1. 稀释液和解冻液的配制

用电子天平或分析天平，按表7-1配方称好药物，配制葡萄糖-卵黄-甘油稀释液。

表7-1 公牛精液常用冷冻稀释液

成分		稀释液种类					
		乳糖-卵黄-甘油液	蔗糖-卵黄-甘油液	葡萄糖-卵黄-甘油液	葡萄糖-柠檬酸钠-卵黄-甘油液		解冻液
					Ⅰ液	Ⅱ液	
基础液	蔗糖/g	—	12	—	—	—	—
	乳糖/g	11	—	—	—	—	—
	葡萄糖/g	—	—	7.5	3.0	—	—
	二水柠檬酸钠/g	—	—	—	1.4	—	2.9
	蒸馏水/mL	100	100	100	100	—	100
稀释液	基础液/%	75	75	75	80	86	—
	卵黄/%	20	20	20	20	—	—
	甘油/%	5	5	5	—	14	—
	青霉素/(IU/mL)	1 000	1 000	1 000	1 000	—	—
	双氢链霉素/(μg/mL)	1 000	1 000	1 000	1 000	—	—
	适用剂型	颗粒	颗粒	颗粒	细管		

注：基础液在高压蒸汽消毒时，温度一般不宜超出115℃，以防糖类成分分解。稀释液在临用之前按比例加入卵黄、甘油和青、链霉素，充分混匀。

2. 精液稀释和降温

取活率不低于 0.7、密度在 8 亿/mL 以上的精液，用稀释液按一定倍数稀释，稀释后的精子活率应不低于 0.6。用 10～12 层纱布包裹精液，置于 2～5℃冰箱或广口保温瓶中缓慢降温(降温速度一般为 0.2℃/min)。

(1)稀释方法　新采的精液应注意保温，防止温度变化引起精子发生冷休克。采精后，精液越早稀释越好，一般控制在 30 min 内进行稀释，且稀释液与精液的温度必须相同。如做高倍稀释，应分步进行，先低倍后高倍，逐渐过渡。稀释时，将稀释液沿杯壁缓缓加入精液中混匀，避免剧烈震荡。

(2)确定稀释倍数

$$X = Y \cdot M \cdot \frac{V}{Z}$$

式中：X 为冷冻精液稀释倍数；Y 为每毫升原精液中呈直线前进运动总精子数；M 为冷冻精液解冻后预测精子活力；Z 为每头份冷冻精液要求最低应含有直线前进运动精子数；V 为冷冻精液剂型容量。

3. 平衡

在 2～5℃温度下，稀释精液静置 2～4 h。

4. 冷冻方法

(1)颗粒冷冻精液法　用一个金属容器盛满液氮，为了减少液氮的损耗，可在金属容器与其固定箱之间充实泡沫塑料或棉絮做绝热层。用聚四氟乙烯塑料板(或铝板、钢纱网)作为冷冻板固定在距液氮面 1～2 cm 处。将平衡后的精液用胶头滴管滴在冷冻板上，制成精液颗粒，每个颗粒体积为 0.1 mL。当冷冻板上的精液颗粒由黄色转为发白有光泽，轻拨易脱离冷冻板时，即可将颗粒精液倒扣于液氮容器中，将其收集、分装并做标记。

(2)细管冷冻精液法　将平衡后的精液在 2～5℃下，以细管精液分装器灌入塑料细管内，经封口后，平置于铜纱网上，再放入专用的精液冷冻容器中，要求精液细管距液氮面 1～2 cm，熏蒸 5 min 后将细管精液浸入液氮中 10 min，收集于精液提筒内，并做标记。

5. 保存

冷冻保存各种类型的冷冻精液，一般以液氮罐的提桶存放，但都必须切实浸泡在液氮中，不能脱离液氮冷源。根据液氮挥发情况，要定期往液氮罐中添加液氮(图 7-1)。

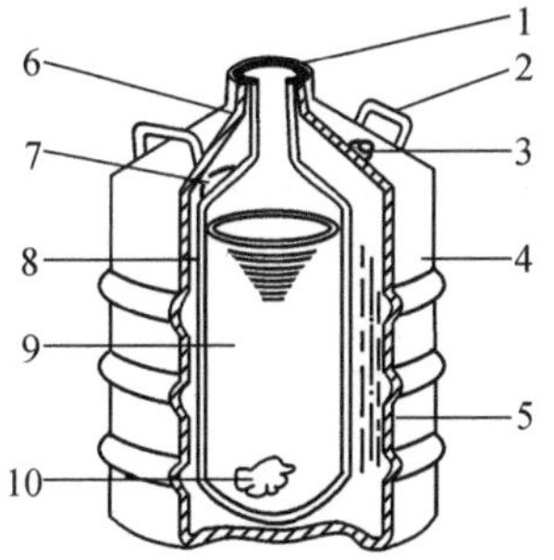

图 7-1　液氮罐结构图

1. 保护套　2. 把手　3. 真空嘴　4. 外壳　5. 高真空多层绝热　6. 颈管　7. 活性炭　8. 内壳　9. 液氮　10. 定位板

6. 解冻和品质鉴定

(1)颗粒冷冻精液　取 1～1.5 mL 2.9%柠檬酸钠或其他解冻液，放入小试管内，浸入 40℃热水中经 2～3 min 后，投入精液颗粒，待溶化 1/2～2/3 时，取出精液试管，当精液全部溶化后，检查评定精子活率，活率应不低于 0.3。

(2)细管冷冻精液　由液氮罐内迅速取出一支细管冷冻精液，立即投入 40℃热水中，缓慢摇晃，待精液基本溶化后，剪去细管的封口端，装入细管输精器中。细管精液品质检查可按批抽样评定，活率应不低于 0.3。不需每支精液均做检查，否则将会减少每头份精液的输精量及输入精子数。

7. 注意事项

(1)器械的清洗及消毒、采精、精液处理、输精均应严格遵守人工授精操作规程。

(2)在精液稀释、平衡、冷冻及解冻后，必须保持所要求的温度，严防在操作过程中温度出现反复。

注：卡苏细管冷冻仪冷冻方法简介。

国内较大规模的种公牛站均配置了细管冷冻精液设备(图 7-2)，其中以法国卡苏公司为主，采用的方法为：将经平衡的精液封装于细管后，排放在经预冷的专用细管卡式托架上待冻。冷冻前在冷冻槽内放一定量的液氮，使液氮面和冷冻面保持 2～3 cm 的距离。如若用大口径液氮罐作冷冻器的，液氮罐内应装半罐液氮，在冷冻面的同一高度接上数字显示低温温度控制仪的探头，以便观察冷冻面的温度，调整罐中冷冻面与液氮面的距离，使冷冻面的温度控制在－120～－100℃。如果只冻一二架，冷冻面温度应调到－100℃左右，冻三四架，初冻温度调到－120℃左右。将排放满细管的托架放在冷冻网上或冷冻槽上，盖上盖子，冷冻 8 min 即可迅速入液氮中浸泡。然后检查细管冻后精液的活力，合格者分装在一个塑料小桶内，每个装 25 支。分装时应使细管的棉塞端先入塑料小桶，细管的封口端向上，这样可以避免在使用时棉塞端崩出。

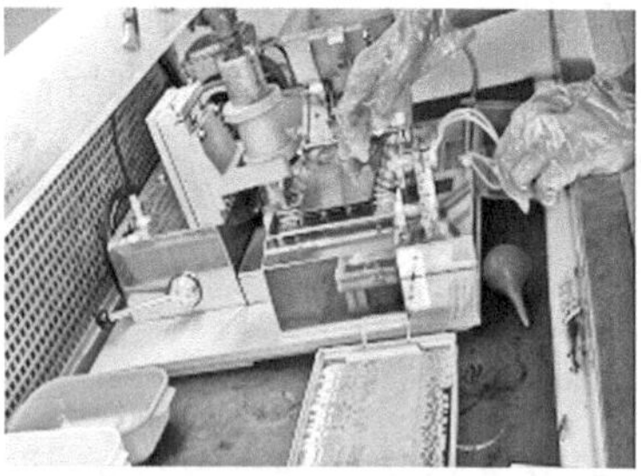

图 7-2 冷冻精液细管分装

各种类型的冷冻精液必须切实地浸泡在液氮罐中，不得脱离液氮冷源。并注意各种精液不得混淆。

四、作业

1. 简述精液常温、低温和冷冻保存的基本流程。
2. 评定本次制作的冷冻精液品质，分析其存在的问题。

实验八　小鼠超数排卵及卵母细胞的体外成熟

一、实验目的和要求

熟悉雌性小鼠生殖器官的结构特点和发情期间的性征表现，掌握通过激素处理诱导小鼠超数排卵、由卵巢上获取未成熟卵母细胞、卵母细胞体外成熟的培养方法，了解卵母细胞的分类方法、核成熟情况和卵丘扩展程度的观察方法。

二、实验仪器和材料

1. 实验动物

4～6 周龄、健康的雌性昆明白小鼠，在控温(20～27℃)、控光(光照 14 h/d，06:00～20:00)的环境下自由采食和饮水，适应性饲养 1～2 周。

2. 仪器及器械

体视显微镜、电子天平、CO_2 培养箱(37℃、5%CO_2、100%相对湿度)、移液器、眼科剪、眼科镊子、一次性塑料注射器(1 mL、10 mL)、250 mL 烧杯、100 mL 容量瓶、巴氏吸管、表面皿、一次性塑料培养皿、35 mm、100 mm 0.22 μm 滤器、小鼠笼子、酒精灯。所有的手术器械和玻璃器皿在使用前一天消毒。

3. 试剂

PMSG(eCG)、体外操作液 M2、体外成熟液 M16 或 TCM-199、0.1%透明质酸酶、75%酒精、矿物油。

三、实验内容及操作步骤

(一)小鼠的超数排卵

选择 4～6 周龄的雌性小鼠，腹腔注射 PMSG 10 IU/只。注射方法见实验三图 3-1。

(二)卵泡卵母细胞的采集

1. 卵巢的采集

注射 PMSG 后 46 h，用颈部脱臼法处死小鼠(将小鼠置于饲养笼上，使前爪自然抓紧笼上支架，用一只手拉紧鼠尾，另一只手食指与拇指压紧小鼠颈部，再用力拉鼠尾使颈椎脱臼，即可处死小鼠)。将小鼠平放于桌上，使其腹部朝上，用 75%酒精喷湿腹部消毒。在下腹部中间，以眼科镊子夹住提起皮肤并剪开一个小口。一只手抓住鼠尾，另一只手用镊子抓住切开的皮肤向头部牵拉直至充分暴露腹部。切开腹膜，将肠道向上翻起，暴露出两侧的子宫、输卵管及卵巢(卵巢的采集方法同实验三)。用眼科镊子和剪子将卵巢取出,置于无菌滤纸上,剔除卵巢周围的脂肪组织和输卵管。用 M2 液清洗 2 遍,洗去血液和脂滴。

2. 小鼠生发泡期卵母细胞的获取

将卵巢置于 M2 液滴中,在体视显微镜下用针头挑破卵巢表面的有腔卵泡,这时应能看到卵母细胞从卵泡内流出,若未流出,可用针头挤压一下,刺破尽可能多的有腔卵泡。在操作过程中注意添加操作液并轻轻振荡,防止流出的卵丘-卵母细胞复合体(cumulus-oocyte complexes,COCs)凝集成团。

3. 卵母细胞的拣取和分级

将巴氏吸管在酒精灯火焰上拉细,并用砂轮截断末端,制备成尖端直径约为 200 μm 的吸卵针。在体视显微镜下用吸管收集所有 COCs,根据卵丘状态与卵母细胞直径大小、细胞质颜色及有无颗粒等可分为以下几类。

(1)A 级 COCs　达到最大直径(>70 μm),卵丘细胞层(放射冠)完整且致密,层数在 3 层以上,卵母细胞形状规则,胞质均匀无颗粒,颜色正常,呈均匀的浅黄色,仔细调节显微镜可见核仁和生发泡(图 8-1)。

(2)B 级 COCs　卵丘细胞层松散,只有少数几层卵丘细胞或只带有部分卵丘细胞,生发泡和核仁清晰,其余指标同 A 级 COCs。

(3)裸卵(nude Oocytes,NOs)　基本不带卵丘细胞,生发泡和核仁清晰,其余指标同 A 级 COCs。

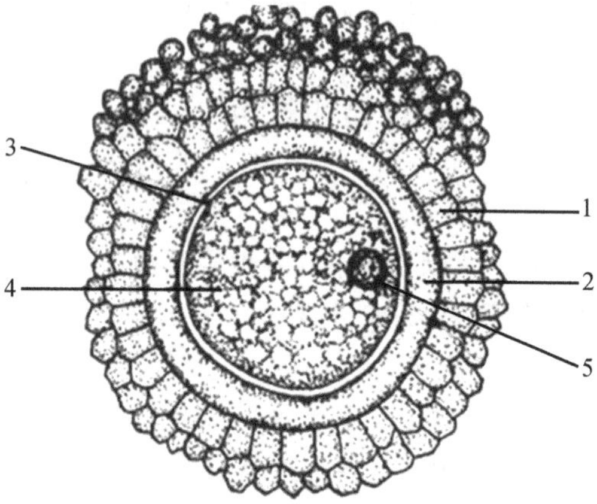

图 8-1　A 类 COCs 的结构模式图

1. 放射冠　2. 透明带　3. 卵质膜　4. 卵胞质　5. 细胞核

(4)退化卵母细胞　符合任意一项以下条件就记为退化卵母细胞:胞质不均匀,出现颗粒;胞质颜色发黑或过浅;卵丘已扩展;生发泡破裂(germinal vesicle breakdown,GVBD);卵周隙过大或消失。

(三)小鼠卵母细胞的体外成熟

1. 卵母细胞的体外培养

选择 A 类 COCs 用于体外成熟培养。将 COCs 在 M2 液中洗净(3 遍以上)后,再用成熟培养液 TCM-199(添加 10%(*V*/*V*)胎牛血清、2 mmol/L 谷氨酰胺,0.23 mmol/L 丙酮酸钠,10 IU/mL PMSG)清洗 1~2 遍。所有的培养液和操作液都加入 50 IU/mL 的青霉素和链霉素。

采用 30~50 μL 的微滴,表面覆盖矿物油,并在培养箱中预平衡 2 h。将洗净的卵母细胞移入预平衡的培养液滴中,每滴培养液放入 15 枚左右的卵母细胞,置于 37℃,5% CO_2,95%空气,100%湿度的 CO_2 培养箱内进行体外培养。

2. 卵丘扩展程度的观察

在体外培养的不同时间点,通过体视显微镜对卵母细胞周围包裹的卵丘状态进行观察,可以将卵丘扩展的程度分为 0~4 级。

(1)0 级　无扩展。

(2)1 级　最外层的 1～2 层卵丘细胞发生扩展。

(3)2 级　外面的几层卵丘细胞开始呈放射性扩展。

(4)3 级　内层的卵丘细胞也已经开始扩展，只有放射冠未扩展。

(5)4 级　包括放射冠在内的全部卵丘细胞都已发生扩展，且外周卵丘细胞已经开始脱落。

3. 卵母细胞核成熟情况的观察

体外培养 14 h 后，用 0.1% 透明质酸酶脱除外周卵丘细胞，以排出第一极体判定为核成熟。

四、作业

1. 简述小鼠卵泡卵母细胞的获取方法及体外成熟操作步骤。
2. 计算出不同级别未成熟卵母细胞的体外成熟率。

实验九　小鼠的体外受精与胚胎移植

一、实验目的和要求

通过对小鼠卵母细胞采集、精子获能、体外受精、胚胎移植全过程的观察，了解哺乳动物体外受精和胚胎移植技术的各个环节，为在家畜生产和科研中的应用奠定基础。

二、实验仪器和材料

1. 实验动物

4～6 周龄雌性小鼠，10～12 周龄雄性小鼠。

2. 仪器及器械

体视显微镜、电子天平、CO_2 培养箱、恒温水浴锅、移液器、眼科剪、眼科镊子、缝合线、缝合针、一次性塑料注射器(1 mL、10 mL)、250 mL 烧杯、100 mL 容量瓶、巴氏吸管、表面皿、一次性塑料培养皿、酒精灯。所有的手术器械和玻璃器皿在使用前一天均消毒、包装。CO_2 培养箱设定为 37℃、5%CO_2、100%相对湿度。

3. 药品

PMSG、hCG、M16、M2、TYH、CZB、75%酒精、2%碘酊、矿物油等。

4. 试剂配制

PMSG 和 hCG 先用灭菌的生理盐水分别配制成 100 IU/mL。M16、M2、CZB、TYH 建议购买商品化的试剂。

三、实验内容及操作步骤

(一)小鼠体内成熟卵母细胞获取

1. 超数排卵

腹腔注射 PMSG 10 IU/只，48 h 后注射 hCG 10 IU/只，腹腔注射具体方法参见实验三。

2. 输卵管内成熟卵母细胞采集

注射 hCG 14～15 h 后，用颈部脱臼法处死雌鼠，腹部朝上放于桌上，用 75%酒精喷湿腹部。用眼科镊子夹住提起皮肤并剪开一个小口，一只手抓住鼠尾，另一只手抓住切开的皮肤向头部牵拉直至充分暴露腹部。剪开腹膜，将肠道向上翻，暴露出两侧的子宫、输卵管及卵巢(图 9-1A)。用眼科镊子和剪刀将卵巢、输卵管和一小部分子宫切开后同时取出，放入塑料培养皿的 M2 液中。在显微镜下，先找出输卵管壶腹部，之后用 1 mL 注射器针头或镊子挑开输卵管壶腹部，使卵丘卵母细胞复合体(COCs)释放出来(图 9-1B)，然后将其移入 M2 培养液滴中。用 M2 培养液滴洗 3 次后重新移入新鲜的 M2 培养液滴，放入 CO_2 培养箱备用。

如果用体外成熟的卵母细胞，参考实验八“小鼠超数排卵与卵母细胞的体外成熟”获得体外成熟卵母细胞。

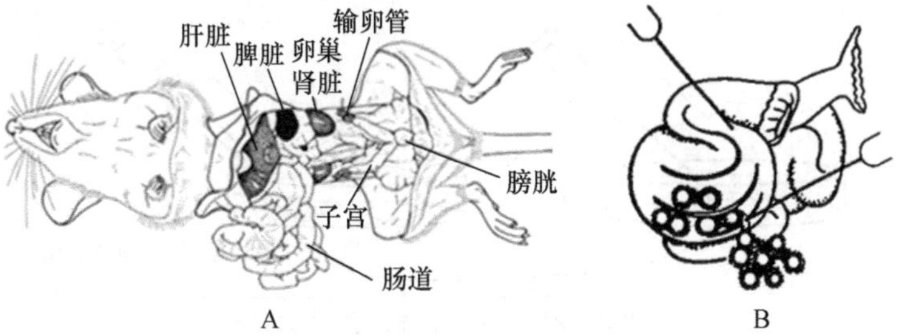

图 9-1　输卵管内成熟卵母细胞采集的方法

(二)小鼠精子采集与体外获能

为保证获能后精子与雌鼠卵母细胞成熟时间上的同步，一般在雌鼠 hCG 注射 14～15 h 后，用颈部脱臼法处死雄鼠，腹部朝上放于桌上，用 75%酒精喷湿腹部。在下腹部中间以眼科镊子夹住提起皮肤并剪开一个小口。剪开腹膜，将肠道向上翻，暴露两侧的睾丸(图 9-2A)。用眼科镊子夹住睾丸周围的脂肪块，修剪出睾丸和附睾，尽量少带脂肪块。将睾丸置于无菌的滤纸并用镊子展开，剥出附睾。

用眼科镊子夹住附睾体和输精管处，在附睾尾的膨大部顶端剪开一个小的横切口，用另一把眼科镊子挤压附睾尾的膨大部，待精子溢出后用针头蘸取稠密的精子滴，移入用矿物油覆盖的 TYH 液滴中(图 9-2B)。将培养皿放入 CO_2 培养箱孵育 10 min。当精子充分扩散后，再用 TYH 调整精子的浓度至 2 000～4 000 个/μL。为了使精子获能可以将精子在 CO_2 培养箱继续孵育 1～2 h。若精子不扩散，则换另一只雄鼠采精。

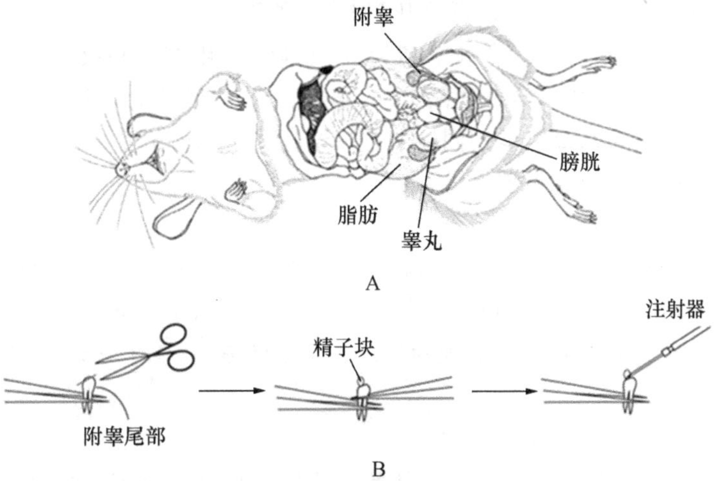

图 9-2　从附睾尾采集精液的方法

(三)小鼠体外受精

精子获能处理后,COCs用TYH液滴洗3次,再移至新的TYH液滴中。用移液器将获能的精子缓慢注入到含有COCs的TYH液滴内,使精子浓度达到100~300个/μL,放入CO_2培养箱孵育2 h,进行体外受精(图9-3)。

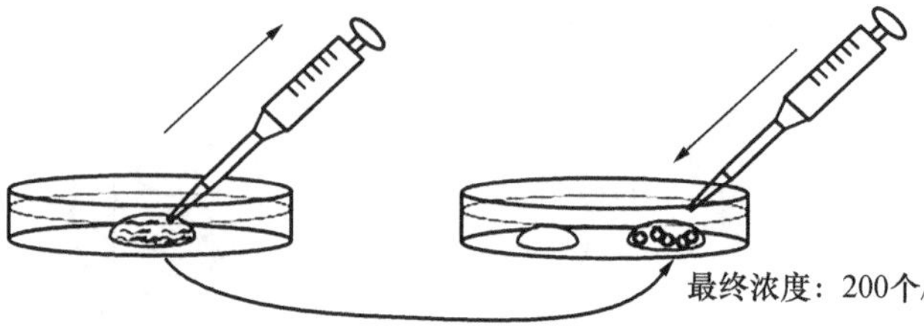

图9-3 精子和卵子体外受精的方法

(四)受精卵体外培养

受精结束后,用拉细的巴氏吸管去除附在受精卵周围多余精子,用M16液滴或CZB液滴洗涤3次,移入到40 μL新鲜的M16液滴或CZB液滴内,每个液滴放入40~60枚受精卵,然后放入CO_2培养箱进行体外培养。在体视显微镜下观察受精卵发育情况。观察时间:受精后24 h、48 h、60 h、72 h和96 h分别统计卵裂率、4细胞胚、8细胞胚、桑葚胚以及囊胚率发育率。

(五)小鼠胚胎移植

从原核期胚胎到囊胚,即受精后0.5~3.5 d的胚胎,均可移植到假孕母鼠的生殖道内继续发育以完成胚胎发育。一般原核期至8细胞胚,移植于假孕母鼠的输卵管;桑葚胚和囊胚移植于假孕母鼠的子宫。每侧输卵管或子宫内移植的胚胎数量为10~15枚。

1. 雄鼠输精管结扎

体重25 g雄鼠注射0.5%戊巴比妥钠(0.37 mL)进行麻醉处理,腹部朝上保定四肢,在后肢两膝盖连线的腹中部剪毛,2%碘酊消毒,75%酒精脱碘。用眼科镊子提起下腹部的皮肤,沿着两膝盖连线剪开1~1.5 cm切口,再剪开1.5 cm的腹肌。从开口部插入眼科镊子,夹住一侧睾丸上方的脂肪块牵出睾丸、附睾及输精管(图9-4A)。用剪子和镊子将睾丸、附睾及输精管分离开,分离出的输精管用缝合线间隔1 cm结扎2次,在结扎的中间剪掉一小段输精管(图9-4B),将睾丸和脂肪块送入腹腔。用同样的方法结扎另一侧输精管。结扎完毕在术口撒青霉素粉末,缝合腹肌和皮肤,单笼饲养。

2. 供体超数排卵

供体雌鼠腹腔注射PMSG 10 IU/只,48 h后再腹腔注射hCG 10 IU/只。注射hCG后立即与雄鼠合笼,雌雄比例为2∶1,间隔小于14 h检查阴道栓,见栓者(图9-5A,9-5B为无阴道栓)说明已配种,配种时间已到0.5 d,配种后放入到新的笼子,用于从输卵管或子宫采集体内胚胎。

3. 受体同期发情处理与假孕鼠准备

供体雌鼠腹腔注射PMSG同时,对受体雌鼠也注射促性腺激素,注射的方法与供体雌鼠超数排卵方法相同。注射hCG后与结扎雄鼠合笼,雌雄比例为2∶1,间隔小于14 h检查阴道

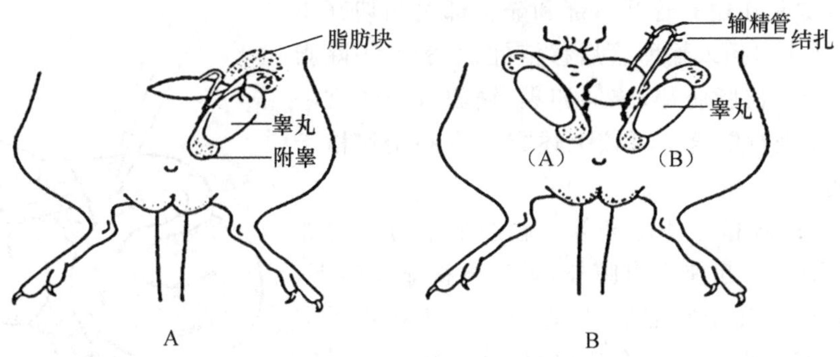

图 9-4　雄鼠输精管结扎的方法

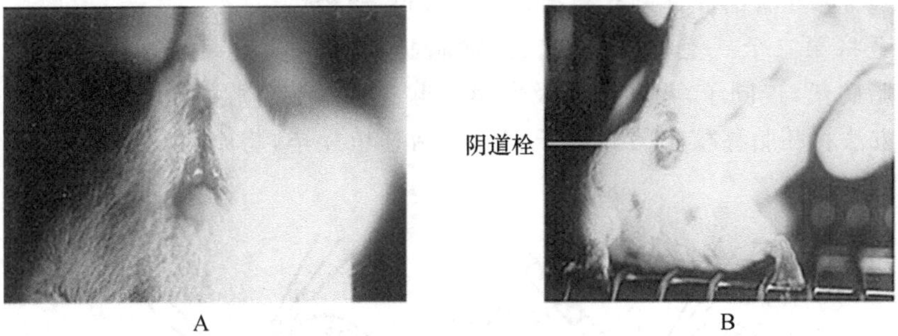

图 9-5　小鼠阴道栓检查方法

栓，见栓者说明已配种。将有栓的雌鼠放入到新的笼子，用于移植胚胎。

4. 胚胎移植

(1)输卵管胚胎移植　将与供体雌鼠同期发情的假孕雌鼠用 0.5%戊巴比妥钠麻醉，俯卧保定。在最后肋骨的稍后方剪毛，用碘酊和 75%酒精棉球擦拭。切开背部正中皮肤约 1 cm，并用剪子扩展，在离脊椎 1 cm 的位置纵切肌肉约 1 cm，就能见到附在卵巢上方的脂肪块。用镊子夹住脂肪块并牵出，将卵巢、输卵管及子宫暴露于体外(图 9-6)。用脂肪夹(或动脉夹)夹住脂肪垫并将其放在小鼠背后，这样卵巢与输卵管保留在腹膜外。

图 9-6　受体小鼠手术部位及牵出卵巢、输卵管及子宫方法

小鼠置于解剖镜下，可见透明的膜覆盖输卵管，用两把钟表镊子在输卵管开口上部将透明膜打开一小口，尽可能避开血管。用钟表镊子轻轻拨输卵管开口部并看清其走向，将移卵管从开口部插入输卵管，吹移卵管直至第二、第三个气泡进入壶腹部。将移卵管略停一下再拔出，以防胚胎逸出(图 9-7)。

另一种方法是在输卵管开口部和壶腹部之间切开小口，将移卵管从小口插入输卵管后移植(图 9-8)。去除脂肪夹，用钝镊子夹住脂肪垫，连同卵巢、输卵管与子宫一并送回腹腔，并进行缝合。可按上述方法将胚胎移植于另一侧输卵管。

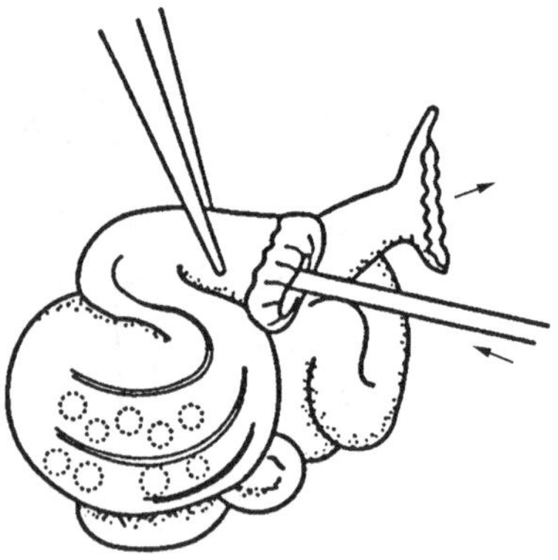

图 9-7 输卵管伞口胚胎移植方法

(2)子宫胚胎移植 用输卵管移植胚胎的方法将卵巢、输卵管及子宫一起拖出腹膜外，置于体视显微镜下，用细无齿镊轻轻夹住子宫上端，用较粗的针头在距子宫上端数毫米处避开血管扎一个口，确保针头插入到子宫管腔内。如果穿刺后针头轻轻拔出再扎下，来回轻松则说明已刺入。将移卵管沿原针刺孔隙插入约 5 mm，轻轻吹移卵管直至将第二个气泡吹入子宫。去除脂肪夹，用钝镊子夹住脂肪垫，连同子宫、输卵管及卵巢一起送回腹腔。腹膜缝 1～2 针，用损伤夹关腹腔。用上述方法将胚胎移植于另一侧子宫。胚胎移植完毕，将小鼠放回笼内，置于温暖安静处，观察术后恢复情况。

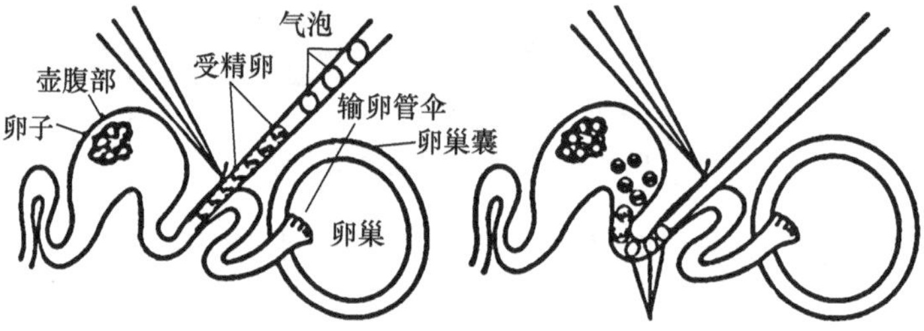

A B

图 9-8 输卵管移植胚胎方法

四、作业

1. 简述小鼠体外受精的环节。
2. 简述小鼠胚胎移植的步骤。
3. 计算卵母细胞体外受精率及受精卵体外发育率。

实验十　小鼠胚胎的冷冻与解冻

一、实验目的和要求

掌握小鼠胚胎的冷冻和解冻方法，熟悉小鼠体内胚胎的获取和胚胎质量鉴定的基本方法。

二、实验仪器和材料

（一）实验材料

昆明白等品系的小鼠，雌鼠 4～6 周龄，雄鼠 10～12 周龄。

（二）仪器用具

体视显微镜、液氮罐、泡沫塑料箱、程序降温仪（胚胎冷冻仪）、恒温水浴锅、CO_2 培养箱、加热封口机、酒精灯、剪刀、镊子、口吸管、无菌培养皿、注射器、移液器、冲胚针、长柄镊子、纱布袋、精液冷冻细管、棉线手套、护目镜等。

（三）试剂药品

马绒毛膜促性腺激素（PMSG，eCG）、人绒毛膜促性腺激素（hCG）、冷冻保护剂（乙二醇、DMSO、甘油等）、蔗糖、操作液、平衡液、冷冻液、解冻液、培养液、液氮。

（四）试剂配制

1. 操作液

胚胎操作液用于在大气环境下清洗胚胎，常用的胚胎操作液有 M2、HCZB 等，可以购买成品，也可自行配制。

2. 平衡液

平衡液中含有较低浓度的冷冻保护剂，是胚胎放入冷冻液之前的过渡液体。使用平衡液可以减少胚胎渗透压的大幅度变化，有利于提高胚胎的冷冻-复苏效率。平衡液中冷冻保护剂的浓度一般为 5％～10％，比如配制 EG10 平衡液就是在操作液中添加 10％的乙二醇。

3. 冷冻液

冷冻液可以用操作液添加 2 mol/L 的乙二醇、DMSO 或甘油配制，同时需添加 0.5 mol/L 的蔗糖。

4. 解冻液

胚胎解冻后，需要在解冻液中洗涤，逐步去除冷冻液成分，再转入操作液洗涤，防止渗透压性休克。解冻液通常为添加 0.5 mol/L 蔗糖的操作液。

5. 胚胎培养液

胚胎解冻后，可用于胚胎移植或继续体外培养，常用的胚胎培养液有 M16、CZB、KSOM

等。具体培养方法参见实验九。

三、实验内容和观察要点

(一)胚胎的获取

1. 小鼠超排与合笼

挑选4～6周龄雌鼠,腹腔注射10 IU孕马血清促性腺激素(PMSG),48 h后腹腔注射10 IU人绒毛膜促性腺激素(hCG),并放入10周龄以上雄鼠1∶1合笼过夜。第2天早晨9:00之前检查雌鼠是否有阴道栓。

2. 冲胚

见栓后第2.5天(见栓当天记为0.5 d),用操作液冲洗输卵管、子宫角并收集8细胞胚胎/桑葚胚,这一时期的胚胎冷冻-复苏存活率最高。采用颈椎脱臼法处死雌鼠,打开小鼠腹腔,剪下卵巢-输卵管-子宫,将其转入到装有操作液的无菌培养皿中。在体视显微镜下,手持镊子和连接冲胚针的注射器,将冲胚针从输卵管伞部插入,并用镊子固定,之后缓慢注入M2液(图10-1,模式图见实验九图9-7),用口吸管收集胚胎。

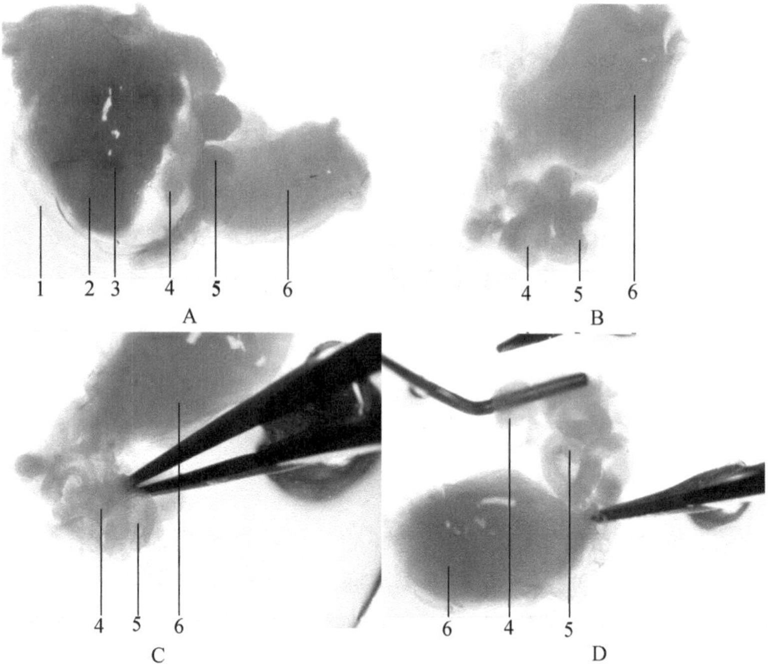

图10-1 小鼠体内胚胎冲取方法

A. 从见栓雌鼠腹腔剪取的卵巢-输卵管-子宫 B. 撕开卵巢包膜,去除卵巢,暴露输卵管伞口

C. 用镊子轻轻夹持输卵管伞口部 D. 将冲胚针插入输卵管伞口部,注入操作液,从子宫端冲出胚胎

1. 卵巢外的包膜 2. 卵巢 3. 卵巢表面卵泡排卵后形成的红体 4. 输卵管伞口 5. 输卵管 6. 子宫

3. 清洗胚胎

将操作液预热至37℃,然后在35 mm无菌培养皿上做5～6滴小液滴,用口吸管将冲胚获得的胚胎移入操作液滴中清洗,并挑选出形态正常、质量好的胚胎进行冷冻。

（二）胚胎冷冻

1. 平衡

用口吸管将挑选出的待冷冻胚胎移入配好的平衡液中平衡 5 min，然后将胚胎移入配好的冷冻保护液中平衡 3～5 min。

2. 装管

在显微镜下，用连接注射器或口吸管的胚胎冷冻专用细管依次吸入冷冻液或胚胎，装好胚胎的细管可以分成 5 段，从左至右分别为：冷冻液-空气-含胚胎的冷冻液-空气-冷冻液。冷冻细管两端用加热封口机封口。

3. 冷冻

（1）快速冷冻法　该法快速简便，无须程序降温仪等昂贵设备，但对操作人员熟练程度要求较高。使用快速冷冻法一般选择含有高浓度冷冻保护剂的冷冻液，降低胚胎中水的含量，形成“玻璃化”的状态，避免冰晶对胚胎的伤害。

快速冷冻法流程：将液氮倒入适当大小的泡沫塑料箱，用预冷的长柄镊子夹持装好胚胎的细管，在液氮蒸汽上方 3～5 cm 处熏蒸 3～5 min，将冷冻细管投入液氮，并在液氮液面下将细管装入纱布袋内长期保存。

（2）慢速冷冻法　该法可冷冻各个发育时期的胚胎，虽然冷冻所需时间较长，但冷冻-复苏成功率较稳定。慢速冷冻法一般选择含有中等浓度冷冻保护剂的冷冻液。

慢速冷冻法流程：预冷程序降温仪，设定程序降温仪的参数，通常为 0.2～2.0℃/min，在 0℃平衡 10 min，以 1℃/min 的速度降至－4℃，用预冷的长柄镊子夹住塑料细管人工植冰，停留 10 min，之后缓慢降温（0.3℃/min）至－35℃，在此温度下停留数分钟，最后投入液氮。

（三）胚胎解冻

1. 取管

将长柄镊子在液氮蒸汽上预冷几分钟，取出液氮罐中的纱布袋后，用长柄镊子将冷冻细管从纱布袋中取出。

2. 解冻

先用镊子夹住冷冻细管，使其在空气中停留数秒钟，挥发掉细管表面的液氮，然后投入 25℃水浴中，轻轻水平晃动约 20 s，待细管内的冷冻液由晶体变为透明状态时，将细管取出。

3. 平衡

用纸巾擦干细管表面的液体，在超净工作台里小心剪掉细管密封的两端。用移液器将冷冻液吹至装有解冻液的培养皿中。将胚胎移入解冻液中洗涤 3～5 次，每次洗涤停留 1～2 min，以去除冷冻保护剂。

4. 洗涤

将胚胎移入预热至 37℃的操作液中洗涤 3 遍以上，然后进行胚胎质量判定。

（四）胚胎质量判定

解冻后的胚胎可以通过形态学观察、体外培养和胚胎移植等方法来鉴定胚胎的质量。

1. 胚胎形态学判定

采用 Steer CV 的评分标准评分，评分高的胚胎质量较好。评分计算公式如下。

$$\text{胚胎形态学评分}=\text{胚胎形态学等级}\times\text{卵裂球数}$$

胚胎形态学等级分 4 级。1 级：卵裂球大小不均匀，碎片比例≥50%；2 级：卵裂球大小较不均匀，碎片比例 10%～50%；3 级：卵裂球大小基本均匀，碎片比例≤10%；4 级：卵裂球大小均匀，无碎片。

2. 体外培养

将解冻后的胚胎，用培养液洗涤 3～5 次，然后移入培养皿中，置于 CO_2 培养箱内体外培养。培养皿内制作 50 μL 培养液微滴，覆盖石蜡油，并在培养箱内预平衡 2 h 以上。培养条件为 37℃，5%CO_2，饱和湿度。根据能够继续发育胚胎的比例，衡量解冻胚胎的质量。

3. 胚胎移植

将解冻后的胚胎，移植到受体雌鼠内(参考实验九)，根据妊娠率和产仔率衡量解冻胚胎的质量。

四、作业

比较快速冷冻法和慢速冷冻法冷冻的胚胎的复苏效果。

实习一　种畜场繁殖规划及管理

一、实习目的和要求

通过对种畜场制定繁殖规划及管理，了解常见种畜正常的繁殖指标及针对其影响因素的数据分析，理解繁殖规划在种畜场实际生产中的重要性，掌握种畜场繁殖规划的方案制定及基本繁殖流程的管理。

二、繁殖指标

（一）繁殖指标计算

(1)繁殖率　指本年度内实繁母畜占应繁母畜数的百分率。是受配率、受胎率、流产率、分娩率、产仔率及仔畜成活率 6 个指标的综合反映。牛的繁殖率计算公式如下：

$$繁殖率=\frac{年实繁母畜数}{年应繁母畜数}\times 100\%$$

$$猪、羊等动物的繁殖率=\frac{本年度出生仔畜数}{上年度末适繁母畜数}\times 100\%$$

(2)受配率　指本年度内参加配种的母畜数占适繁母畜的百分率。

$$受配率=\frac{配种母畜数}{适繁母畜数}\times 100\%$$

(3)总受胎率　指年内妊娠母畜数占配种母畜数的百分率。在受胎率统计中又分为总受胎率、情期受胎率、第一情期受胎率和不返情率。

$$总受胎率=\frac{年妊娠母畜数}{年配种母畜数}\times 100\%$$

(4)分娩率　指本年度内分娩母畜数占妊娠母畜数的百分率。反映了母畜维持妊娠的质量。

$$分娩率=\frac{分娩母畜数}{妊娠母畜数}\times 100\%$$

(5)繁殖周期　指一个繁殖周期所需要的时间(d)。

(二)正常繁殖指标

牛、羊正常繁殖指标见表X1-1。

表X1-1 常见家畜正常繁殖指标

动物	繁殖率/%	受配率/%	受胎率/%	分娩率/%	繁殖周期/d	产羔率/%
奶牛	80	95	95	98	400	100
肉牛	70～80	90	90	98	400	100
小尾寒羊	250～500	150～170	90～98	98	150～210	266
湖羊	250～360	150～170	90～98	98	150～210	236
蒙古羊	40～70	90	80～90	95	365	110
藏羊	40～70	90	80～90	95	365	102
哈萨克羊	50～70	90	80～90	95	365	101
杜泊羊	155	150	90～98	95	150～210	120
黄淮山羊	300	180	90～95	95	150～210	260
波尔山羊	120～200	150	90～98	95	150～210	180

猪正常繁殖指标见表X1-2。

表X1-2 猪正常繁殖指标

动物	年产仔数/只	受配率/%	受胎率/%	分娩率/%	繁殖周期/d	产仔数/胎
杜洛克猪	18～24	95	90～93	90～94	153～165	8～10
长白猪	20～30	98	90～95	90～94	153～165	10～13
大约克猪	20～30	96	90～95	90～94	153～165	10～13

注:数据主要来自相关品种标准,部分数据需根据实际生产情况进行适当修正。

三、实习流程

(一)配种计划制定

根据种畜数量,结合品种正常繁殖指标,计算出日、周、月、年的发情和配种种畜数量计划,做好种公畜(或冷冻精液)的繁殖计划、种畜的淘汰和更新计划。

(二)妊娠、分娩计划制定

根据配种数据,做好配种后种母畜的妊娠诊断计划。按种畜数量,结合繁殖周期,计算出日、周、月、年的妊娠、产仔种畜数量及产仔数量计划。

(三)繁殖流程管理

根据种畜数量,结合繁殖指标,制定日、周、月、年繁殖管理流程和数字管理。

四、实习内容

举例:参照湖羊国家标准(GB/T 4631—2006)各项繁殖指标(头胎产羔率180%,二胎及以上250%，平均产羔率236%，产后羔羊45 d断奶，平均繁殖周期210 d，即年繁殖1.7次)，制定2 000只规模的湖羊种羊场繁殖和管理规划。

(一)配种计划的制定

1. 年(365 d)配种母羊数

年配种母羊数=适繁母畜数/受胎率(90%)×[365 d/繁殖周期(210 d)]=2 000/90%×1.7=3 778只。正常受胎率应控制在90%以上。

2. 月(30 d)配种母羊数

按照每年10个月的配种时间，即3 778只÷10个月=378只/月。

3. 周(7 d)配种母羊数

按照每月4周的配种时间，每周配种378只÷4周=95只/周。

4. 日配种母羊只数

受环境、季节的影响，正常发情配种时，按照平均日发情数的1～2倍准备，即每天待配种母羊数为13～27只，羊为2次配种(人工授精)，则发情母羊配种次数为26～54只次。

(二)妊娠分娩计划制定

1. 年妊娠分娩总母羊数

年妊娠分娩总母羊数=总母羊数×年繁殖次数(1.7)=2 000只×1.7=3 400只。

2. 日常妊娠、分娩母羊数

根据不同气候、环境条件及羊只不同季节的繁殖需要，按月制定妊娠、分娩母羊数(表X1-3)。

表X1-3　2 000只湖羊月存栏母羊及产羔数计划表

时间/月份	存栏母羊数/只	配种、妊娠诊断母羊数/只	妊娠母羊数/只	产羔母羊数/只	产羔羔羊数/只
1	2 000	378	1 020	0	0
2	2 000	378	1 360	340	802
3	2 000	378	1 700	340	802
4	2 000	378	1 700	340	802
5	2 000	378	1 700	340	802
6	2 000	378	1 700	340	802
7	2 000	0	1 700	340	802
8	2 000	0	1 700	340	802
9	2 000	378	1 700	340	802
10	2 000	378	1 700	340	802
11	2 000	378	1 700	340	802
12	2 000	378	1 360	0	0
合计	—	3 780	—	3 400	8 020

(三)种畜的淘汰及补充

2 000只繁殖母羊按照20%的比例淘汰和更新，按照每年10个月淘汰补充，则每年淘汰补充羊只数为400只，即每月淘汰40只，且应补充青年母羊40只。

（四）繁殖管理

1. 种羊发情鉴定管理

待配母羊主要由产后 45 d 羔羊断奶后的母羊、补充的青年母羊和返情母羊 3 部分组成。提前制定该月发情鉴定及管理计划表，每天早、晚进行试情及公羊查情（表 X1-4）。

表 X1-4　种羊发情鉴定管理计划表

月份	断奶母羊待配数/只	补充青年母羊数/只	返情母羊数/只	合计配种数/只
1	300	40	38	378
2	300	40	38	378
3	300	40	38	378
4	300	40	38	378
5	300	40	38	378
6	300	40	38	378
7	0	0	0	0
8	0	0	0	0
9	300	40	38	378
10	300	40	38	378
11	300	40	38	378
12	300	40	38	378
合计	3 000	400	380	3 780

注：因 7、8 月份的天气炎热原因，发情羊只较少，另外，7、8 月份配种正好 12 月份至翌年 1 月份寒冷时节产羔，影响母羊的护理和羔羊的成活率，因此，可避开 7、8 月份配种。

2. 种公羊采精管理

根据发情母羊数，按照采集新鲜精液稀释后精液量≥0.2 mL，有效精子数≥1 亿个/只输精，计算出公羊的采精羊只数和采精次数，冷冻精液按照 1 头份直接进行输精。

如：当日待配种母羊 27 只，需要有效精子数 27 亿以上，正常公羊每次采精如果为 20 亿有效精子，需要公羊采精 2 只次。

3. 妊娠诊断及产羔护理

按照配种后 40～60 d 进行 B 超妊娠诊断，母羊进行分群饲养管理。根据需要每周一次或几次集中妊娠诊断。每人每小时可诊断 12 只母羊，每周需要 8 小时人次。

根据妊娠诊断情况，做好母羊和羔羊的产前、产中和产后护理工作。

4. 繁殖技术人员日常工作流程（表 X1-5）

表 X1-5　繁殖技术人员日常工作流程表

时间	任务及内容
早上 9:00 前	公羊查情、试情
9:00—11:00	公羊采精、发情母羊输精
11:00—17:00	妊娠诊断、母羊转群转舍、繁殖保健等
17:00—19:00	试情、公羊查情
19:00—21:00	公羊采精、发情母羊输精
21:00—22:00	繁殖记录、报表填写

五、实习作业

1. 制定出 2 000 头规模奶牛场的繁殖规划。
2. 制定出 1 000 头规模种猪场繁殖技术员工作流程。

实习二　种公牛站繁殖学实习

一、实习目的和要求

掌握公牛假阴道的安装步骤和方法；了解公牛采精过程及其操作要领，掌握采精方法；掌握冷冻精液的工业化生产流程。

二、实习材料和器械

成年公牛、台畜；假阴道、灭菌凡士林、长柄钳、玻璃棒、温度计等采精器械；显微镜、血细胞计数器、载玻片等精液品质检查器械；液氮罐、精液冷冻程序仪等精液冷冻设备。

三、实习内容和观察要点

(一)观察假阴道采精的方法

公牛采精前应保证场地宽敞、平坦、清洁、安静，有供母牛保定用的采精架或供公畜爬跨的台畜。应配备喷洒消毒和紫外线照射装置。应保证固定的场地和环境，以便建立起巩固的条件反射。应保证人畜安全和防止精液污染。

1. 牛采精用假阴道组成与安装

采精用的假阴道主要由外壳、内胎、集精管及其气门活塞、固定胶圈等部分组成。安装前检查假阴道外壳两端是否光滑，外壳有无裂缝或小孔；检查内胎是否漏水(气)，边缘是否裂口，检查方法是将内胎注满水，用两手握紧两端，并扭转内胎施以压力，观察胎壁有无破损漏水之处，如水珠渗出应及时修补或更换；检查气门活塞是否有裂口漏气，开关是否灵活。

(1)内胎的安装　将内胎放入外壳，内胎光滑面朝内腔装入外壳，内胎露出外壳两端长短应相等，两端翻卷于外壳上，内胎应平整，不得扭转，中轴与外壳重合呈同心圆位置，并用橡皮圈固定两端。

(2)消毒　先以长柄钳夹取75%的酒精棉球擦拭内胎和集精杯，再以95%的酒精棉球擦拭，待乙醇充分挥发，内胎干燥后用于采精。采精前，最好用稀释液冲洗1～2次。

(3)注水　由外壳的注水孔向假阴道的内、外壁之间注入50～55℃的温水，使其能在采精时的温度保持在38～42℃，注水总量为外壳和内胎之间容积的1/3～1/2，装上气门活塞。

(4)集精管的安装

(5)涂润滑剂　用消毒好的玻璃棒，取灭菌凡士林与石蜡油的混合物少许，均匀地涂于内胎的表面，涂抹深度为假阴道长度的1/2左右，以利于采精时阴茎导入假阴道。

(6)调节假阴道内腔的压力　打开气门活塞开关吹入空气，使内胎一端的中央呈“Y”字形。牛假阴道示意图如图 X2-1 所示。

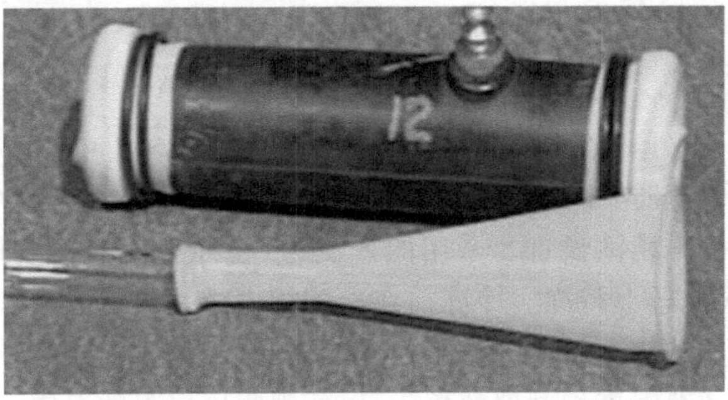

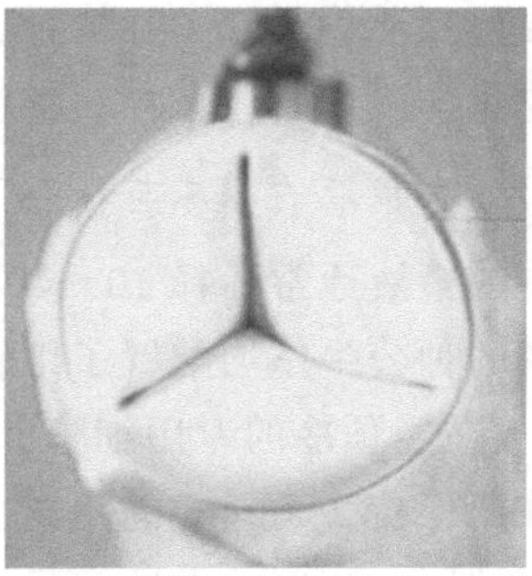

图 X2-1　牛假阴道

2. 假阴道法采精步骤

①将台牛固定于配种架内，缠尾并系于一侧，台牛可用活台牛或假台牛。采精时用发情明显的母牛作台牛效果最好，有时也可用经过训练的公牛或不发情母牛作台牛，活台牛应性情温顺、体壮、大小适中、健康无病。

②清洗台牛的外阴部及臀部，特别是尾根、外阴、肛门等部位进行清洗、擦干，保持清洁。

③检查假阴道内腔的温度，压力是否适中并在假阴道的入口盖上消毒纱布。

④采精员若右手持假阴道，则应立于台牛臀部右侧，准备采精。

⑤当公牛临近台牛时，取下遮盖假阴道的纱布。待公牛阴茎充分勃起爬跨时，将假阴道紧贴台牛的臀部，并使假阴道与阴茎的挺出方向和角度一致，以左手准确地托住包皮(切勿触及阴茎)，迅速将阴茎导入假阴道入口，当公牛阴茎导入假阴道并伴随公牛后躯向前强烈地耸跳时，即完成射精。

⑥射精后，将假阴道集精杯端向下倾斜，同时随公牛跳下的动作顺势取下假阴道，并盖上纱布，以防灰尘污染。

⑦打开活塞放气放水，使精液完全流入集精杯。

⑧将假阴道送回精液处理室，取下集精杯，检查精液品质。采精示意图见图 X2-2。

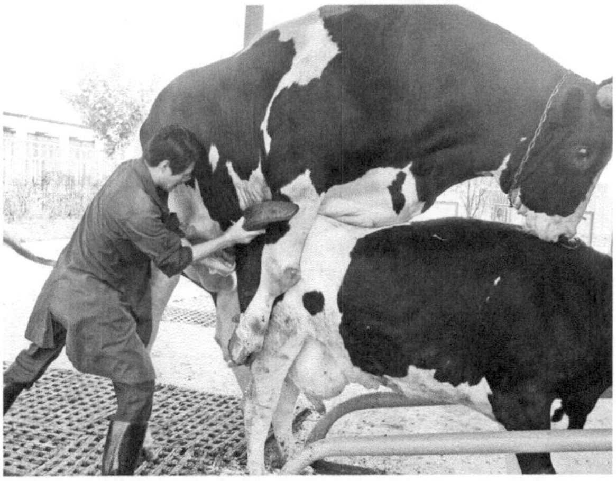

图 X2-2　公牛的采精

（二）公牛精液的品质检查

主要包括感官检查（射精量、色泽、气味、pH 等）、显微镜检查（精子活率、密度、畸形率等）、生物化学检查（存活时间、存活指数等）。具体操作方法参考实验六和实验七。

（三）公牛精液的冷冻与保存

公牛的精液通常稀释 10～40 倍，有时含 500 万/mL 有效精子数，受胎率不受影响。国内较大规模的种公牛站均配置了细管冷冻精液设备。采用的方法为：将经平衡的精液封装于细管后，排放在经预冷的专用细管卡式托架上待冻。冷冻前在冷冻槽内放一定量的液氮，使液氮面和冷冻面保持 2～3 cm 的距离。如若用大口径液氮罐作冷冻器的，液氮罐内应装半罐液氮，在冷冻面的同一高度接上数字显示低温温度控制仪的探头，以便观察冷冻面的温度，调整罐中冷冻面与液氮面的距离，使冷冻面的温度控制在－130℃左右。将排放满细管的托架放在冷冻网上或冷冻槽上，盖上盖子，冷冻 10～15 min 即可迅速移入液氮中浸泡。冻后立即取出 2～3 支细管，解冻观察，以确定冷冻程序。2～3 d 后再检一次，不合格的冻精废弃不用。

注：分装时，细管冻精每 10 支装一小筒，或 50～100 支装入纱布袋。要在细管上标记公畜品种、编号、冻精生产日期及冻精活力等。贮存过程中要定期检查液氮容量。分发、转移等过程中冻精离开液氮不得超过 5 s。

四、作业

1. 公牛采精器械的设计原理及优缺点是什么？
2. 试述牛假阴道的组成及安装方法。
3. 采集精液时需要注意的问题是什么？
4. 公牛精液冷冻保存的注意事项是什么？

实习三　牛场繁殖学实习

一、实习目的和要求

掌握母牛直肠检查的基本操作方法和要领，熟悉母牛生殖器官各部分的自然位置、形状、质地和相互关系；掌握母牛发情鉴定方法，能够准确判定母牛适宜输精时间；掌握母牛输精方法和妊娠诊断方法。

二、实习材料和仪器

发情、早期妊娠母牛若干头；保定架（或保定带）；母牛生殖器官标本；搪瓷盆、长臂手套、肥皂、毛巾；细管冻精、输精枪、听诊器、牛用B型超声波诊断仪等。

三、实习流程

首先，教师边示范边讲解操作方法，然后安排学生自行操作。教师要着重介绍直肠检查操作、输精以及妊娠诊断的要点，采取必要的保护措施，防止家畜伤人、人畜共患病传染及对被检动物造成的伤害。

四、实习内容

（一）母牛生殖器官的直肠检查

(1)检查前，将受检母牛保定于六柱栏内，防止检查人员被踢伤。尾巴拉向一侧，清洗阴户。

(2)检查者的指甲剪短锉圆，以防止损伤肠道。戴上长臂手套，涂抹肥皂或其他润滑剂。

(3)检查者的手指并拢呈锥形，缓慢旋转插入肛门并逐渐地进入直肠。直肠内如有宿粪，应分次少量地掏出。

(4)子宫的触摸。当手腕伸入直肠后，手掌展平，手心向下，按压抚摸。在手心下面即可摸到一个坚实的棒状物即为子宫颈，可用拇指、中指及无名指夹握住子宫颈，然后顺着子宫颈向前摸，在子宫体的前方，用食指和无名指可摸到两个圆柱形并向前弯曲的子宫角，中指则可以感到两个子宫角之间的凹沟即角间沟。仔细体会子宫颈和呈绵羊角弯曲的两个子宫角形状，触摸其大小、质地及位置（图X3-1、图X3-2）。

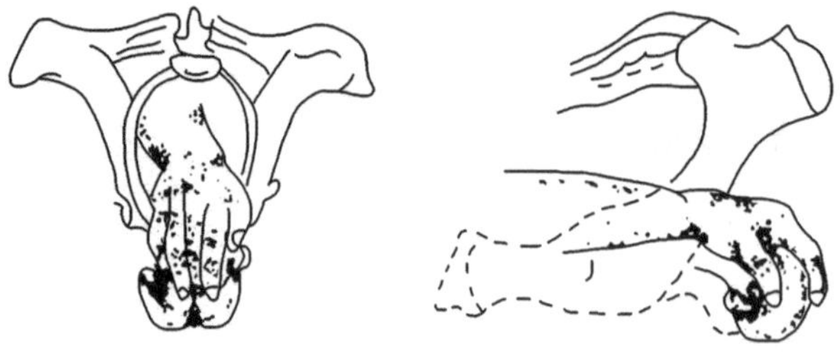

图 X3-1 母牛直肠检查法

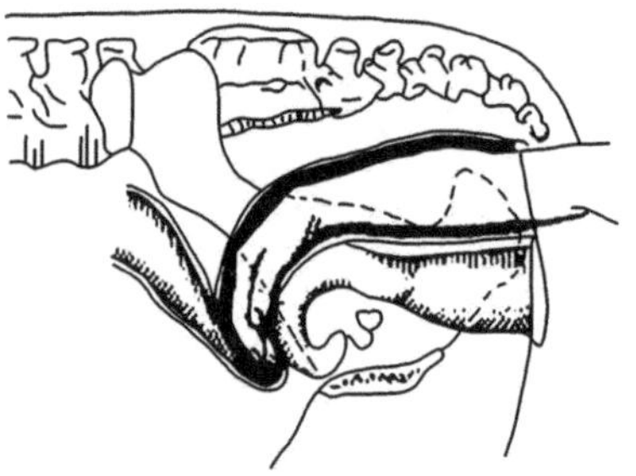

图 X3-2 触摸牛子宫示意图

(5)卵巢的触摸。沿子宫角的弯曲部(大弯)向外侧下行,在子宫角尖端的外侧下方即可感触到呈椭圆形的、柔软、有弹性的卵巢,然后轻缓地将其握在手中,触摸其形状和质地。

在触摸过程中如失去子宫角不易摸到卵巢时,最好再从子宫颈开始沿着子宫角触摸卵巢。

(6)髂内动脉的触摸。手臂伸入母牛直肠内,手心向上,中指紧贴荐椎体向前移行,当其位置下移至最后一个腰椎时,感到有一个向下凸起的岬部,沿腰椎体前移约 2 cm 处,有一对腹主动脉的最后分支,贴着骨盆腔向后侧方走向,即为髂内动脉。母牛的子宫动脉和脐动脉(出生前)共同起于髂内动脉。母牛未孕时或妊娠 3 个月以前的子宫动脉很细,不呈现特殊的妊娠脉搏,因此不能通过直肠检查摸到;当妊娠 4 个月以后,就可以从髂内动脉上摸到一条沿着子宫阔韧带向下走向,呈游离状分布到子宫角的子宫动脉。同时出现特殊的妊娠脉搏,血流摩擦血管壁的波动感逐日增强。

(二)母牛的发情鉴定

由于母牛发情时外部表现较明显,发情期短,排卵发生在发情结束后 4～16 h,所以牛的发情鉴定应首先通过外部观察,再结合试情和阴道检查,最后用直肠检查法鉴定其是否发情及准确的输精时间。

1. 外部观察法

发情母牛常表现为精神不安,鸣叫,食欲减退,外阴部充血肿胀,湿润,对周围的环境和公牛的反应敏感等。常从阴道内排出蛋清样的黏液,黏液的分泌量和牵缕性随发情的不同时期而不同,在发情盛期时分泌量最多且牵缕性最强。

母牛发情最明显的特征是发情牛接受公牛或其他母牛的爬跨。在大群母牛中,可在母牛自由运动时,观察母牛之间爬跨行为而鉴定。发情牛有不安、鸣叫表现,接受其他母牛的爬跨,拱腰站立不动,发情母牛也追逐其他牛,其他牛常嗅闻发情母牛的阴门(图 X3-3)。

图 X3-3 母牛发情的行为表现

发情母牛一般在性欲减弱,即开始拒绝或躲避公牛爬跨后排卵,此时阴道分泌的黏液量减少，黏性差，呈乳白色且黏稠。

2. 直肠检查法

通过直肠检查可以直接触摸到卵巢和卵泡，感触卵巢的大小、质地，尤其是卵泡的大小、波动性等变化，从而较准确地判断母牛发情、排卵情况，以判断输精适期。

发情母牛的卵巢上可触摸到有直径 0.5～1.5 cm 大的卵泡突出于表面，按卵泡的发育过程可以分为如下几个阶段。

(1)卵泡出现期　卵巢稍有增大，如黄豆大小，直径 0.5～1 cm，触摸时卵泡为一个软化点，波动不明显，这时母牛大多开始有发情表现，由发情开始算起，卵泡出现期为 10 h 左右。此期为卵泡出现期，不宜输精。

(2)卵泡发育期　卵泡发育增大，呈小球状，直径 1～2 cm，波动明显；本期的后半段母牛的发情表现已经减弱，甚至消失；这一期长 10～12 h。此期输精过早，需做二次输精。

(3)卵泡成熟期　卵泡不再增大，但卵泡壁变薄，紧张性增强，有一触即破的感觉；这一期长 6～8 h。此期为卵泡成熟期，是输精适期，准胎率较高。

(4)排卵期　卵泡破裂排卵，由于卵泡液流失，卵泡壁变松软，成为一个小凹陷。排卵时间多在性欲消失以后 10～15 h，且多在夜间发生。此期输精已略显晚，要尽快配种。

(三)输精

1. 输精前的准备工作

(1)输精器可用干热或蒸汽消毒。

(2)做好母牛的发情鉴定，检查有无生殖器官疾病。

(3)检查精液品质是否符合输精要求。

2. 直肠把握输精法

(1)输精器插至子宫颈口　操作者戴长臂手套，手指并拢呈锥形插入母牛直肠，排除宿粪，消毒外阴部。为了保护输精器在插入阴道前不被污染，可使左手四指留在肛门口，向下压拉肛门下缘，同时用左手拇指压在阴唇上并向上提拉，使阴门张开，右手趁势将输精器向斜上方插入阴道，左手握住子宫颈尽量向前推送，以使阴道呈直筒状，右手随之将输精器向上，再平插，转向下方，直至子宫颈口附近(图 X3-4)。

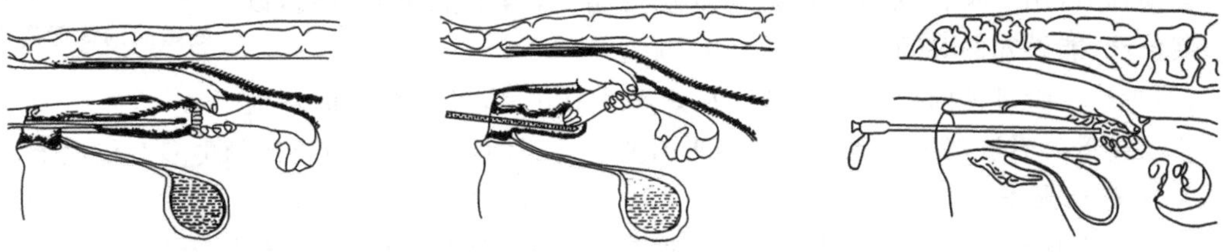

A　　B　　C

图 X3-4　直肠把握子宫颈输精法

A. 前推子宫颈然后持平　B. 把握部位太靠前　C. 手把握子宫颈过紧

(2)固定子宫颈的方法　左手插入直肠摸清子宫颈后，用食指和中指向下压即可固定子宫颈，用大拇指按住子宫颈外口上缘。左手心朝向右侧握住子宫颈，无名指平行握在子宫颈外口周围，以便插入输精器。当母牛努责难于用以上两种方法握住子宫颈时，可将手指并拢将子宫颈压于耻骨体上或骨盆腔侧壁使之固定，在遇到直肠形成罐状时，这种方法较妥。

若母牛努责过甚，可采用喂给饲草、捏腰、拍打眼睛、按摩阴蒂等方法使之缓解。若母牛直肠呈罐状时，可用手臂在直肠中前后抽动以促使松弛。

(3)将输精器插入子宫颈外口　左手把握好子宫颈，大拇指肚按压子宫颈外口上缘，右手持输精器通过阴道，探索抵达拇指肚，再导入子宫颈外口内。左手攥握子宫颈，右手持输精器沿左手臂，向左手心中探插，输精器即可进入子宫颈外口。

(4)输精器通过子宫颈管和抵达子宫体　从输精器进入子宫颈外口至通过子宫颈抵达子宫体，是输精操作最为困难的部位，操作时两手需很好的配合，将输精器顺利地通过子宫颈管的几个皱襞，进入到子宫体部位。

具体方法是：左手拳握攥住子宫颈，将其上下左右多处转换方向，右手持已进入子宫颈外口的输精器向前探插，同时用左手将子宫颈前段稍做抬高，并向输精器上套。输精器通过子宫颈管内的皱襞时，会有明显的感觉。当输精器一旦越过子宫颈皱襞，立刻感到畅通无阻，这时即已抵达子宫体处。当输精器处在子宫颈管内时，手指是摸不到的，输精器进入子宫体后，可清楚地触摸到输精器的前段。

(5)注入精液，取出输精器　当确认输精器进入子宫体时，应向后抽退一点，勿使子宫壁堵塞住输精器尖端出口处，缓慢地将精液注入，然后轻轻地抽出输精器。

(四)妊娠诊断

1. 外部检查法

了解妊娠诊断的外部检查方法，区分妊娠与空怀母畜的变化。包括视诊、触诊和听诊 3 种方法。

(1)视诊　母牛妊娠后合成代谢增强，在妊娠前期，营养状况明显改善，体态变得丰满，毛色光润；同时孕畜性情变得温顺，行动时小心谨慎。妊娠中后期，腹围增大，由于母牛左后腹腔为瘤胃所占据，使得子宫等生殖器官偏向右侧腹腔，因此，站于其后侧观察时，可以明显看到右腹壁突出(图 X3-5)。

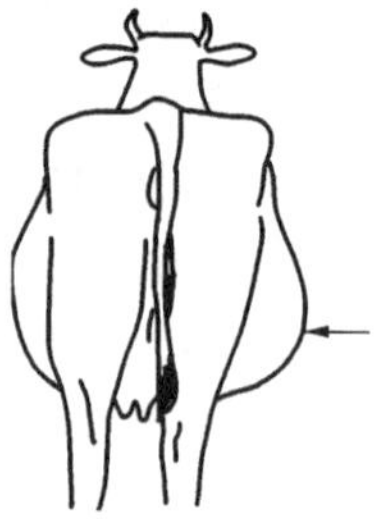

图 X3-5　牛(右)妊娠时的体形变化

(2)触诊　此法只能用于妊娠中后期，可以从妊娠母畜腹壁外部触及胎儿。母牛在早晨饲喂前，用手掌在后膝前方腹壁，肷部下方压触以诱发胎儿运动，亦可用拳头在肷部往返抵动以触觉胎儿，但不能用力过猛，以免引起流产，能触知的时间一般要在 180 d 后。

(3)听诊　听母体内胎儿的心音。在妊娠 180 d 后，可以在安静场地用听诊器在母牛右肷部下方或膝襞内侧听胎儿心音。胎儿的心音数要比母牛多 2 倍以上。

2. 直肠检查法

直肠检查判断母畜是否怀孕的主要依据是生殖器官的变化。主要根据子宫角的大小、形状、对称程度、质地、位置及角间沟是否消失，在子宫体、子宫角内是否可以摸到胎盘及胎盘大小，有无漂浮的胎儿及胎儿活动情况，子宫内液体的性状及子宫动脉的粗细及妊娠脉搏的有无来判断(图 X3-6)。

妊娠时期不同，触摸的重点部位不同。妊娠初期以子宫角的形状、质地变化为主；胎胞形成后以胎胞的发育为主；胎胞下沉后不易触摸到，以卵巢的位置及子宫动脉的妊娠脉搏为主。

操作者戴长臂手套，手指并拢呈锥形插入母牛直肠。先找子宫颈，再将中指向前滑动寻找角间沟，然后再把手向下方移动，慢慢握着子宫角，分别触膜两子宫角，经产母牛体躯较大时，

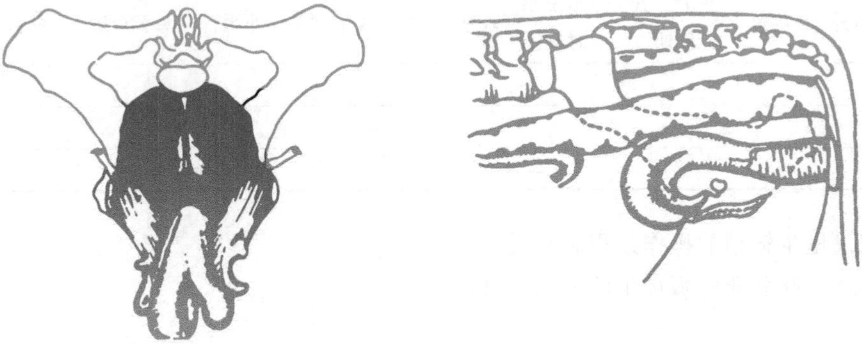

图 X3-6　牛妊娠 60 d 的子宫位置的正面观和侧面观

子宫角多垂入腹腔，不易摸到。遇到这种情况，可握着子宫颈向上向后提拉，然后将手向前移，再触摸子宫角。触诊子宫角之后，在子宫角尖端外侧或下侧找到卵巢，检查完一侧卵巢后不必换手，可再检查另一侧卵巢，妊娠母牛的卵巢有突出的黄体。若被检母牛已妊娠 2～3 个月以上，直接寻找子宫颈有困难，而且角间沟或二子宫角因为膨大已变形时，可直接触摸子宫中动脉、子宫或胎儿。此外，妊娠的中后期，可直接摸到增大的子叶。

3. *超声波诊断法*

借助超声波探测仪探知胚胎、胎儿心动、脉搏和胎动，从而判断是否妊娠。超声波诊断技术在家畜妊娠诊断领域的应用始于 20 世纪 60 年代中期，开始应用的是 A 型和 D 型超声波诊断仪，随着电子技术的发展，B 型超声波诊断仪开始在生产中推广应用。

B 超是把回声信号以光点明暗的形式显示出来，回声强则光点亮，回声弱则光点暗，光点构成图像的明暗规律，反映了子宫内胎儿组织各界面反射强弱及声能衰减规律。当超声仪发射的超声波在母体内传播并穿透子宫、胚泡或胚囊、胎儿时，仪器屏幕会显示各层次的切面图像，以此判断母牛是否妊娠。

以牛的 B 型超声波诊断仪为例，其诊断方法如下。

(1)将受检母牛保定于保定架内。

(2)探查部位　妊娠早期，母牛子宫位于盆腔入口前后，探查部位选择在离子宫较近的直肠。而在妊娠中后期，子宫下垂到接近腹壁，可以在侧下腹壁进行。

(3)操作方法　在妊娠早期探查时，先清除母牛直肠内的粪便，给 B 超诊断仪的直肠探头部位涂抹耦合剂，一只手将探头送入肛门内，再缓缓送到直肠深处，用探头隔着直肠壁在子宫区域进行前后左右扫描，同时在 B 超仪上观察实时图像。

(4)判定标准　液体(尿液、尿囊液和羊膜液)对超声波的反射低，在声像图上呈黑色；骨骼是高回声，呈白色。当看到黑色的孕囊暗区或胎体反射影像即可确认早孕阳性。

五、实习作业

1. 简述牛直肠检查触摸卵巢和子宫的要领。
2. 将母牛发情观察记录载入下表。

畜号	品种	年龄	上次分娩日期	开始发情时间	观察时间	慕雄性	外阴部	子宫颈	黏液	备注

3. 记录母牛输精的操作过程和感受。
4. 详述妊娠和非妊娠母牛的外部表现。

实习四　羊场繁殖学实习

一、实习目的和要求

了解绵羊、山羊的繁殖生理以及妊娠诊断、产后护理等，掌握羊的发情鉴定、采精及输精技术。

二、实验动物及器材

1. 实验动物

种公羊、发情母羊、配种后1个月的母羊、临产母羊。

2. 仪器及器械

水浴锅、B超仪、显微镜、采精架、试情布、阴道开张器、假阴道、集精杯、输精枪、温度计、毛巾、脸盆、细胞计数板、保温杯等。

3. 药品

消毒液、生理盐水、高锰酸钾、精液稀释液、凡士林、超声耦合剂等。

三、实习内容

(一)母羊发情鉴定

1. 外部观察法

适宜于山羊的发情鉴定。由于绵羊发情时外部表现不明显，因此，一般采用公羊试情法。

母羊发情时初期兴奋不安，咩叫，发情盛期表现安静，食欲减退，外阴部红肿，部分羊有清亮黏液流出，喜接近公羊，并接受爬跨。山羊有频繁摇尾现象。

2. 阴道检查法

阴道开张器打开阴道后，通过观察阴道黏膜、分泌物和子宫颈口的变化来判断是否发情。发情母羊阴道黏膜充血，表面光亮湿润，有透明黏液，子宫颈口充血、松弛、开张。

3. 公羊试情法

试情公羊要选择身体健壮，性欲旺盛，无疾病，年龄2～5岁的公羊。为避免偷配母羊，可给试情公羊腹下系上试情布或结扎输精管。试情公羊应单独喂养，远离母羊群，每隔1周应本交或排精1次，以刺激其性欲。母羊圈中放入试情公羊，当观察母羊主动接近或尾随公羊，或者被公羊追逐，当公羊爬跨时母羊静立不动即判断为发情。

（二）采精

1. 假阴道法采精

（1）假阴道的准备　参考实习二“种公牛站繁殖学实习”中的方法。

（2）采精操作　采精员蹲在母羊右侧后方，右手握假阴道，食指扣集精杯的底部以防脱落，气门活塞向下，靠在台羊臀部，假阴道与阴茎导入方向相同。当公羊爬跨、伸出阴茎时，左手轻托阴茎包皮，迅速地将阴茎导入假阴道内，公羊射精动作很快，当发现公羊后躯挺腰、前冲或者向前猛跳跃，表示射精完毕，同时，压低假阴道集精杯端的高度，利于精液流入集精杯。随着公羊从台羊身上滑下，取下假阴道，集精杯端向下竖立，打开活塞，放气，取下集精杯。

2. 电刺激法采精

将公羊侧卧或固定在特定保定架内，也可以站立保定。洗净包皮口，两手配合从阴鞘内将阴茎导出，用消毒纱布裹住阴茎前端，防止其缩回阴鞘内。将尿道突导入集精管，然后，将采精棒电极一端涂润滑剂，经肛门插入直肠内近腰角处，刺激腰椎有关神经和输精管壶腹部，打开电源通电 1～2 s，间隔 2 s 再进行第二次电刺激，一般 2～3 次即可射精。注意通电时间不宜过长，电流不宜过强，以防引起排尿污染精液。

（三）输精

1. 输精时间

山羊和绵羊的发情持续时间为 24～48 h。山羊排卵时间一般在发情开始后 30～40 h。因此，绵羊适宜输精时间应在发情中期及以后，山羊稍推迟些时间输精，1 个发情期输精 2 次，即间隔 12～18 h 第二次输精。

2. 输精方法

（1）倒提法输精　母羊输精前，应对外阴部进行清洗和消毒，先用干净湿润毛巾擦拭外阴污垢，再用高锰酸钾水或新洁尔灭消毒液棉球擦拭消毒，最后用生理盐水棉球擦拭。

助手将母羊后肢倒提保定，两腿夹住羊的颈部或者将羊后躯直接横跨在横栏上，绵羊输精时还需要由助手把尾部向上拉起。输精员打开头灯，将已消毒并抹凡士林润滑的阴道开张器顺阴门裂插入阴道底部，轻轻转动阴道开张器，使闭合的阴道开张器缝隙与阴门裂呈 90°打开阴道，借助灯光找到子宫颈外口，把吸有精液的输精枪经阴道开张器插入子宫颈口 0.5～1.0 cm 深处，缓缓注入精液 0.1～0.2 mL。输精完毕，小心取出输精枪和开张器，让羊保持原姿势，拍一拍母羊的腰背部，以防精液倒流。输精时应做到“深部、慢插、轻注、稍停”。

（2）腹腔内窥镜子宫角输精法　一般用于羊冷冻精液的人工授精，母羊仰卧固定，头部斜向下，乳房基部皮肤浅层麻醉，以套管针刺入腹部，导入内窥镜光纤杆，目视针头刺入子宫角进行输精。

（四）妊娠诊断

1. 外部观察法

母羊妊娠以后，一般表现为周期发情停止，食欲增进，营养体况改善，在妊娠早期，毛色润泽光亮，性情变得温顺、安静。妊娠 3 个月以后腹部明显增大，右侧比左侧更为突出，乳房胀大，右侧腹壁可以触诊到胎儿，在胎儿胸壁紧贴母体腹壁时，可以听见胎儿的心音。

2. B超诊断法

母羊一般取自然站立姿势，助手在旁扶持。采用腹部扇形探头体外探查时，探头涂布耦合剂，在妊娠早期，将探头置于乳房两侧和乳房直前的少毛区、或者两乳房的间隔。在妊娠中后期，将探头放在右侧腹壁进行B超影像观察。在少毛区探查不需剪毛，侧腹壁探查需要剪毛。

采用直肠探头体内探查时，母羊保定后，检查者蹲于羊体一侧，将涂布有耦合剂的探头套上避孕套，经肛门导入直肠至盆腔入口下压探头，扫查盆腔入口方向，观察B超影像。

（五）分娩预兆

临产母羊乳房胀大，乳头直立，用手挤时有少量黄色初乳，阴门肿胀潮红，有时流出浓稠黏液。骨盆部韧带松弛，在临产前2～3 h最明显。在分娩前数小时，母羊表现精神不安，频频转动或起卧，有时用蹄刨地，排尿次数增多，不时回顾腹部，经常独处或墙角卧地，四肢伸直努责。放牧母羊常常掉队或卧地休息。

（六）母羊接产

先剪去临产母羊乳房周围和阴门下侧后肢及其内侧的羊毛，用温水洗净乳房，挤出几滴初乳，再将母羊的尾根、外阴部等洗净，用1%来苏儿水消毒。当分娩母羊出现努责时，观察胎儿前置、胎向、胎位和胎势，胎儿正常分娩必须呈纵向，上位，若正生，三件俱全，两前肢伸直，头部伏在两前肢上；若倒生，两后肢伸直。凡与正常分娩姿势不同者，应尽早纠正。母羊分娩时应侧卧分娩。

当羔羊口鼻部伸出产道外，应立即清除其口腔和鼻腔的黏液，以防窒息或异物性肺炎。羔羊出生时脐带一般会自行扯断，这时可用5%的碘酒在断端消毒。如脐带未断，接产人员先把脐带内的血液向羔羊脐部顺捋几次，然后再扯断脐带，消毒处理。应及早让母羊舔干羔羊身上的羊水，这样既可促进新生羔羊的血液循环，又有助于母羊认羔。正常分娩的母羊在羊膜破裂后30 min左右羔羊便能顺利产出。产双羔时，间隔10～30 min产第二只羔羊。

（七）产后护理

1. 产后母羊的护理

母羊分娩后，要喂饮温热的盐水麸皮汤（略咸、1%的麸皮）以恢复体力。切忌产后饮冷水。产后对母羊外阴部周围、尾根黏附的恶露和血块要清洗、消毒，防止蚊蝇叮咬，褥草要经常更换，保持清洁、干燥。观察产后母羊恶露形态、排出时间，若恶露排出异常，要及时诊治。母羊产后应给予品质好、易消化饲料。

2. 初生羔羊的护理

初生羔羊应尽快吃上初乳，出生1～5 d的羔羊应吃足初乳，每天哺乳次数不少于8～10次，同时注意母羊乳头的卫生消毒，以防羔羊拉稀。刚出生的羔羊由于体质弱，应注意保温，防止受凉感冒。

四、实习作业

1. 简述羊人工授精技术要点。
2. 简述母羊产后护理要点。

实习五　猪场繁殖学实习

一、实习目的和要求

掌握猪发情鉴定、采精、输精和妊娠诊断方法，了解母猪分娩预兆及产后护理过程。

二、实习材料和器械

1. 实验动物

种公猪、发情母猪、妊娠母猪、临产母猪。

2. 仪器及器械

假台猪、精液保存箱、B超仪、显微镜、载玻片、盖玻片、石蜡油、毛巾、剪刀、乳胶手套、酒精棉球、保温瓶、无菌纱布、采精杯、精液过滤纸、储精瓶、一次性输精管、肥皂、塑料盆等。

3. 药品

精液稀释液、生理盐水、消毒药物（75%酒精、碘酒、高锰酸钾等）、润滑剂、超声耦合剂。

三、实习内容

（一）母猪的发情鉴定

母猪发情鉴定最简单常用的方法是外部观察法和公猪试情法。为提高发情鉴定准确性，避免误配而影响母猪的繁殖效率，可采用多种方法同时进行发情鉴定。

1. 外部观察法

每天上午和下午分别进行2次发情观察。首先观察各栏母猪，有无躁动不安、爬跨其他母猪的个体，有此表现的作为重点观察对象。观察时，先观察其外阴部，看是否出现红肿和流黏液现象，然后站在母猪的后方，用手打开阴门仔细观察其阴道是否有充血现象及其充血的程度，以判断发情程度。最后还需要通过压背观察到母猪站立不动的现象，才能准确判断母猪是否进入发情期。

2. 公猪试情法

部分母猪发情表现不明显，压背时站立不动的表现也不明显时，需采用公猪试情法。试情公猪应具备以下条件：年龄较大，行动稳重，性情温顺，善于利用叫声吸引发情母猪。每天分早、晚试情2次，试情时让公猪和母猪头对头，从而刺激母猪的视觉和嗅觉，发情母猪会主动接近公猪。

（二）采精

1. 采精训练

后备公猪采精前一定要进行采精训练，一般在7.5月龄开始，通过采用假台猪多次重复爬跨训练，建立固定的条件反射。

2. 精液采集

种公猪常采用假台猪手握法进行精液采集，因此准备假台猪时需要注意假台猪的高低、牢固性，以确保种公猪的安全。采精前准备采精杯，在杯口覆一层过滤纸，并用橡皮筋固定，用于过滤精液，置于37℃恒温箱中备用。

将待采精公猪赶至采精栏，将公猪包皮内的积尿挤出，用高锰酸钾溶液清洗腹部及包皮，最后用消毒后的纱布擦干。采精员一手戴采精手套，另一手持集精瓶，蹲于采精台的右侧，待公猪阴茎伸出时，握住阴茎，顺势向前牵引，同时用手指有节奏地握住龟头并施以压力，促进公猪射精。当公猪俯卧不动时，表示已经开始射精，要及时接取精液。射精刚开始时，为水状液体，较为稀薄，最后阶段射出精液含有较多胶状物，因此射精开始和临近结束阶段均不收集，只收集浓稠的中间段。

3. 精液处理

精液采集完后，立即置于30～35℃的环境中，防止快速降温，并及时在容器上标明种猪的编号，并在5～10 min内进行精液品质检查。

4. 精液的稀释和保存

（1）时间要求　精液采集后应尽快稀释，原精贮存不超过30 min。

（2）品质要求　未经品质检验或检查不合格（活力0.7以下）的精液不能稀释。

（3）温度要求　稀释液与精液要求等温稀释，两者温差不超过1℃，即稀释液应加热至35～37℃，以精液温度为标准来调节稀释液的温度，不能反过来操作。

（4）稀释方法　猪的精液一般只作1～3倍稀释，稀释时，将稀释液沿盛精液的杯（瓶）壁缓慢加入到精液中，然后轻轻摇动或用已消毒的玻璃棒搅拌，使之混合均匀。如作高倍稀释时，应先作低倍稀释[1∶(1～2)]，待半分钟后再将余下的稀释液沿壁缓缓加入。

（5）精液分装　一般为80～100 mL/瓶，将精液分装在储精瓶中。

（6）填写标签　在瓶上标明公猪耳号、生产日期、保存有效期、稀释剂名称和采精员姓名等。

（7）精液贮存　精液置于室温（25℃）1～2 h后，放入17℃恒温箱贮存，也可以将精液瓶用毛巾包严直接放入17℃恒温箱内。

（三）输精

1. 输精时间

母猪输精时机以发情后期为好，当按压母猪腰尻部，母猪表现很安定，两耳竖立或出现"静立反应"，此时是输精最佳时机。如用公猪试情，一般在母猪愿意接受公猪爬跨后的4～8 h之内输精为宜，之后每间隔8～12 h进行第2或第3次输精。

2. 输精前准备

对发情母猪外阴部进行清洗和消毒。

3. 输精方法

（1）从密封袋中取出输精管，手不应接触输精管前2/3部分，在橡皮头上涂上润滑剂。

(2)将待配种母猪赶入专用配种栏，待母猪处于安静状态下输精，将输精管45°角向上插入母猪生殖道内，当感觉有阻力时，缓慢逆时针旋转同时向前移动，直到感觉输精管前端被锁定(轻轻回拉不动)，从而确认被子宫颈锁定，到达输精部位。

(3)从精液贮存箱取出品质合格的精液，确认公猪耳号。缓慢颠倒摇匀精液，用剪刀剪去输精瓶瓶嘴，接到输精管上，轻轻挤压输精瓶，确保精液能够流出输精瓶。输精过程中，尽量避免用力挤压精液瓶。整个输精过程需5～10 min，为了提高受胎率，间隔8～12 h进行第2次输精。

(4)当输精瓶中精液输完后，放低输精瓶约15 s，观察精液是否回流到输精瓶，若有倒流再将其输入。

(5)在防止空气进入母猪生殖道的情况下，把输精管后端一小段折起，插在输精瓶中，使输精管滞留在生殖道内5 min以上，让输精管慢慢滑落。

(6)记录母猪圈号、耳号、配种时间、与配公猪耳号和配种员等信息。

(四)妊娠诊断

建议采用多种方法进行妊娠诊断，来提高妊娠诊断的准确率。

1. 外部观察法

母猪配种后经过3周没有出现发情现象，并且出现食欲渐增，性情温驯，尾巴自然下垂，驱逐时夹着尾巴走路，阴户缩成一条线等现象，则初步断定已经妊娠。妊娠3个月的母猪左侧下卧，在最后两个乳头上方可触摸到胎儿；到了妊娠末期，腹部显著增大下垂，乳房皮肤发红，乳头变大。

2. B超法

用此法来进行母猪早期妊娠诊断，可通过探查胎体、胎水和胎心搏动及胎盘来判断妊娠阶段、胎儿数和胎儿状态等。此种方法具有时间早、速度快、准确率高等特点。一般在配种21～25 d后进行第一次测孕，在配种35～45 d进行复测。

(1)保定　母猪一般不需要保定，只要其保持安静即可，有条件的话可在限位栏中对母猪进行检测更方便，姿势侧卧，安静站立最好。

(2)探查部位　一般用扇形探头进行体外探查，在下腹部、后肋部前的乳房上部，从最后一对乳腺的后上方开始，随妊娠增进，探查部位逐渐前移，最后可达肋骨后端。猪被毛稀少，探查时不必剪毛，但需要保持探查部位的清洁，以免影响B超图像的清晰度，体表探查时，探头与猪皮肤接触处必须涂满耦合剂。如采用直肠探头检查则无须耦合剂。

(3)探查方法　体外探查时探头紧贴腹壁，妊娠早期检查，探头朝向耻骨前缘，骨盆腔入口方向，或成45°角斜向对侧上方，探头贴紧皮肤，进行前后和上下的定点扇形扫查，动作要慢。

(五)分娩预兆

临产母猪腹部饱满，乳房肿大，阴唇肿胀，尾根两侧下陷，卧立不安，时起时卧，闹圈，频频排便，子宫颈口松弛开张，母猪侧卧，四肢伸直，呼吸急促，产前1～3 d乳房可挤出乳汁，有垫草时产前6～12 h有衔草做窝的表现。

(六)接产

一般分娩多在夜间，安静的环境对临产母猪非常重要。一般母猪在破水后30 min即会产出第一头仔猪。当仔猪产出后，应立即用手指掏出其口腔内的黏液，然后用洁净的毛巾、纸巾或柔软的垫草将仔猪口、鼻和全身的黏液擦干，减少体表水分及体热散发，防止仔猪憋死或吸进液体呛到，影响仔猪呼吸。随后用手固定脐带基部，另一手捏住脐带，将脐带慢慢从产道内拽出，切不可通过仔猪拽脐带。把脐带向仔猪方向攒几下，然后在仔猪腹部4 cm处用手掐断或用剪刀剪断脐带，断面用5%碘酊消毒。

（七）产后护理

1. 母猪的护理

分娩结束后应将母猪外阴部、臀部和后腿上黏附的血液、胎水和黏液清洗干净；及时更换干燥褥草；及时饮水同时给予柔软易消化饲料；注意观察胎衣排出时间和排出胎衣是否完整。

2. 新生仔猪的护理

擦去仔猪口鼻中的黏液，观察呼吸，如遇难产仔猪没有呼吸，应有节律的轻按腹部，进行人工呼吸，或者将仔猪倒提轻抖，促进恢复呼吸；尽快使仔猪吃上初乳，固定乳头；注意仔猪的保暖，并防止被母猪压死。

四、实习作业

1. 简述猪的采精及输精方法。
2. 简述猪B超法妊娠诊断的方法。

实习六　兔场繁殖学实习

一、实习目的

掌握母兔发情鉴定方法，公兔的采精技术，母兔的输精方法和妊娠诊断方法，了解母兔分娩前的征兆，产后母兔和新生仔兔的护理要点。

二、实验材料和器械

1. 材料

种公兔，发情母兔，妊娠 10 d 母兔，临产母兔。

2. 用具

假阴道，集精杯，输精枪，温度计，酒精棉球，乳胶手套、恒温水浴锅等。

3. 药品

生理盐水，促排 3 号，消毒药物(酒精，碘酒，高锰酸钾等)，热水。

三、实习流程

参观了解兔的品种、存栏量、后备和繁殖公母兔只数、公母兔比例、繁殖方式(人工授精、人工辅助交配)、公母兔初配年龄以及选配方法等。

观察发情母兔的表现，种公兔的采精方法以及精液品质检查，将稀释后的精液对母兔进行输精，然后对妊娠母兔进行妊娠诊断，最后观察妊娠母兔临产前的表现，并了解母兔的分娩过程以及产后母兔、新生仔兔的护理。

四、实习内容

(一)母兔的发情鉴定

兔达到性成熟的月龄因品种、性别、个体、营养水平、遗传因素等不同而有差异。一般小型兔 3～4 月龄、中型兔 4～5 月龄、大型兔 5～6 月龄达到性成熟。

母兔的发情行为不如其他动物(如牛、山羊、猪等)明显。母兔发情时，兴奋不安，在笼内来回跑动，不时用后脚拍打笼底板，发出声响以示求偶，常在料槽或其他用具上摩擦下颌，同时爬跨同笼的母兔，甚至爬跨自己的小兔，愿意接近公兔。母兔发情初期阴门粉红色、肿胀、湿润；发情中期黏膜大红色、极度肿胀和湿润；发情后期黏膜呈黑紫色，肿胀逐渐减退，并变得干燥。兔子具有刺激性排卵的特点，其发情不像其他家畜有准确的周期性，变化范围较大，一般为 7～15 d，发情持续期一般为 3～5 d。

（二）采精

公兔一般采用假阴道法进行精液采集(图 X6-1)。先安装好假阴道，向内胎夹层注入 50～60℃的温水，然后用灭菌生理盐水冲洗内壁 1～2 次。用温度计蘸取生理盐水，插入假阴道内测温，当温度降至 42℃左右时即可采精。采精的地点可在公兔笼内，一只手保定一只母兔，另一只手持假阴道放在母兔两后腿之间，待公兔爬跨母兔。假阴道口端比集精杯口处稍低，可随公兔阴茎挺出的方向调整假阴道的位置和角度，以利于公兔阴茎顺利伸入假阴道。公兔阴茎对温度极为敏感，低于 40℃不易引起射精，而过高温度采精会使公兔养成嗜高温的习惯，对精液品质造成不利影响，因此，假阴道温度以 40～43℃为宜。

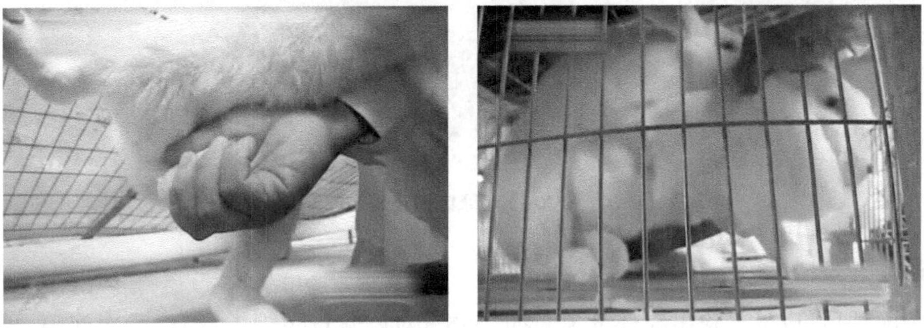

A　　B

图 X6-1　兔假阴道法采精操作

A. 假阴道位置　B. 采精

公兔射精完成后，采精者应立即将假阴道口端抬高，使精液流入集精杯。并迅速把假阴道从母兔腹下取出，假阴道口朝上，取下集精杯，放入恒温水浴锅，做好采精记录。

（三）精液品质检查与稀释

精液采集完后应立即放置在 35℃的恒温水浴锅中，及时在容器瓶上标明公兔的编号，并进行精液品质检查，主要指标有：精液量、颜色、气味、精子密度和精液活力等，符合要求精子置于适当条件下备用。正常公兔的精液呈乳白色或灰白色，具有特殊的腥味，精液量一般为 0.2～2 mL。

兔的精液一般进行 10～20 倍稀释，可使用生理盐水或 5%的葡萄糖生理盐水稀释。如果精液中有精胶，将其挑出，再将稀释液缓缓注入集精杯中，并使其混合均匀。稀释后的精液再进行一次显微镜检查，发现活力不强的精子不能用作输精。

（四）输精

在较好的饲养管理条件下，母兔适宜的初配月龄为：小型品种 4～5 月龄，中型品种 5～6 月龄，大型品种 7～8 月龄。在生产中也可以以体重来确定初配时间，即达到该品种成年体重的 80%左右时初配。

由于兔为诱导性排卵动物，输精时必须对发情母兔进行排卵处理。可在人工授精同时给母兔肌肉注射促排 3 号。输精时，由助手抓住母兔的背部(也可一人操作，一手抓兔，大拇指和食指夹住尾根上翻，暴露阴门，另一手持输精器)，使母兔臀部略朝上，输精员持输精器慢慢插入母兔阴道,先应将输精器朝向阴道背壁插入 6～7 cm 深处,越过尿道口后再转向腹面,直至插入 8～10 cm 深处的子宫颈口附近,边输边退,以防精液随输精器溢出(图 X6-2)。抽出输精器后,拍打兔子臀部一下,以使子宫收缩,防止精液倒流。

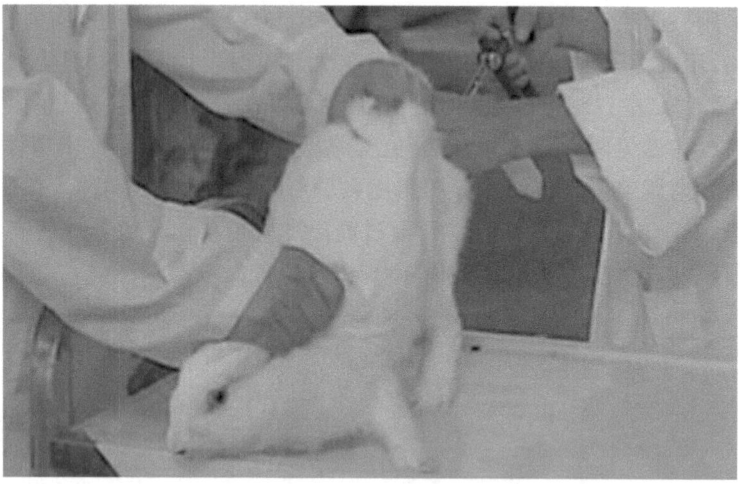

图 X6-2　母兔输精操作

(五)妊娠诊断

母兔配种后,应尽早检出空怀母兔,及时补配,对妊娠母兔保胎,缩短胎次间隔,提高繁殖率及经济效益具有重要意义。常用的妊娠诊断方法有以下几种。

1. 试情法

在母兔配种后 7 d 左右,将母兔送入公兔笼中,如母兔拒绝交配,表示可能已怀孕。相反,若接受交配,则可认为未孕。因母兔会出现假孕现象,此方法准确性不高。

2. 称重法

由于胎儿发育较快,使母兔在短时间内体重增加明显,所以可用称重法来判断是否妊娠。称重时间在母兔配种后的 7～14 d 内进行 2～3 次,体重明显增加者初步判断为妊娠。称重时间应定在早晨喂食前空腹时进行。

3. 摸胎法

在母兔配种后 8～10 d,可用手触摸母兔腹部,判断是否受孕,在生产实际中多采用此法。将母兔捉放于桌面或平地,一只手抓住母兔的耳朵和颈皮,使兔头朝向摸胎操作人员,另一只手拇指与其余四指呈“八”字形,掌心向上,伸向母兔腹部,由前向后轻轻沿腹壁摸索。若感腹部松软如棉花状,则未受孕。若感腹壁紧张,并摸到腹内有像花生米样大小的肉球,并有弹性,则是胎儿,可确诊为已妊娠。妊娠早期要注意胎儿与粪球的区别,粪球质硬、无弹性、不光滑,分布面较大,不规则。摸胎检查操作简便,准确性较高,但要注意动作轻,检查时不要将母兔提离地面悬空,更不要用手指去捏数胚胎数,在配种后 15～28 d 应停止摸胎,以免造成流产。

(六)分娩及产后护理

1. 分娩预兆

母兔在分娩前的征兆比较明显。多数母兔在临产前数天,乳房膨胀,可挤出乳汁。接近临产,食欲减退,甚至废绝。在临产前数小时,也有的在 1～2 d 前就叼草、衔毛筑窝,应及时准备好产箱。

2. 分娩过程观察

母兔在分娩时，表现精神不安，四爪刨地，顿足，弓背努责，排出胎水，最后呈犬卧姿势，仔兔便顺次连同胎衣等一齐产出。母兔边产仔边将仔兔脐带咬断。吃掉胎衣，同时舔干仔兔身上的血迹和黏液。兔虽然是多胎动物，但产仔时间较短，一般产完一窝仔兔只需 20～30 min。个别母兔，产下一批仔兔后间隔数小时或十几小时会再产第二批仔兔。

母兔在分娩时，应保持环境安静，避免打扰和惊动。如遇惊动，母兔可能会停止分娩，跳出产箱，造成难产或死胎，拒绝哺乳造成初生仔兔得不到哺乳而死亡。

3. 助产

母兔一般都会顺利分娩，不需助产。个别母兔出现异常妊娠时，采取相应措施。如果妊娠期超过 31 d 不产仔，或因各种原因造成产力不足，不能顺利分娩，可用激素催产。用催产素注射液，肌肉注射 3～4 IU，10 min 左右便可分娩。如因胎位不正所造成的难产，不能轻易采用激素催产，应先调正胎位后再用激素处理。因胎儿过大等原因造成的难产如有必要可进行剖腹产手术。

4. 产后护理

母兔分娩结束后，跳出产箱找水喝。此时要事先准备好清洁的温水让母兔喝足，以防因口渴找不到水喝而吃掉仔兔。应及时取出产箱，清点仔兔，取出死仔兔，称重记数，并清除箱内污物换上干净垫草。可将产仔箱放在能防鼠和保温的产仔室里，让母兔好好休息。另外，对母兔要饲喂适口性好，容易消化的饲草，多观察母兔的吃食、精神及排粪、尿是否正常。检查仔兔有无吃不上乳汁的情况，如因母兔乳头不够，可进行寄养或人工哺乳。母兔如患有乳房炎症，则要及时治疗。

五、实习作业

1. 简述母兔排卵的特点，如何提高兔的繁殖力？
2. 母兔妊娠诊断的方法有哪些？

实习七　鸡场繁殖学实习

一、实习目的和要求

了解鸡采精前的准备工作和种蛋孵化过程，掌握鸡的保定、采精、输精、种蛋孵化以及雏鸡雌雄鉴别方法。

二、实习材料和器械

1. 实验动物

成年种公鸡(已经过采精调教)、开产母鸡、种蛋及初生雏鸡。

2. 仪器及器械

显微镜、水浴锅、全自动孵化机、采精杯、广口保温瓶、容量瓶、输精器、移液器、载玻片、盖玻片、温度计、血细胞计数板、胶头滴管等。

3. 药品

精液稀释液、生理盐水、酒精棉球等。

三、实习内容

(一)鸡的采精

1. 采精前的调教训练

(1)公鸡在使用前 3～4 周内转入单笼饲养，便于熟悉环境和管理人员。

(2)在使用前 2～3 周内，开始训练公鸡采精，每天 1 次或隔天 1 次，一旦训练成功则坚持隔天采精。

(3)预防污染精液。公鸡开始训练之前，将泄殖腔外围 1 cm 左右的羽毛剪除并用酒精棉球擦洗。采精当天须于采精前 3～4 h 绝食，以防排粪尿。

2. 采精步骤

鸡的按摩采精法包括腹部按摩法、背部按摩法、背腹联合按摩法。常用的背腹联合按摩法通常由两人操作，一人保定公鸡，另一人按摩并收集精液。具体步骤如下。

(1)保定　保定人员用双手握住公鸡两只大腿根部，自然分开，大拇指扣住翅膀，使公鸡头向后轻挟于腋下，尾部朝向采精员，呈自然交配姿势。

(2)按摩　采精人员左手手心向下，拇指及其余四指分开，紧贴公鸡，沿腰背向尾部轻轻地按摩数次，引起公鸡的性反射。右手中指和无名指夹着集精杯，防止异物落入。

(3)采精　当公鸡出现性反射时，采精员右手拇指与食指分开，中指与无名指间夹住集精杯，轻轻按摩公鸡趾骨下缘两侧，并触摸抖动。当泄殖腔翻开时，左手将尾羽拨向背部，拇指与食指分开，轻轻挤压泄殖腔，公鸡即可射精。随后右手迅速将集精杯口置于泄殖腔下方，协同左手将精液接入杯中。

（二）鸡精液的品质检查

具体操作方法参考实验五、实验六。

（三）鸡精液的稀释

稀释倍数的高低取决于精液的品质，一般稀释倍数为 1∶(1～2)。常用的稀释液有 0.9% 的氯化钠溶液（生理盐水）、5%～7%的葡萄糖溶液等。稀释前应将精液和稀释液同时置于 30℃左右的水浴锅中，使其温度相同。稀释时，将稀释液缓缓加入精液中，并轻轻摇匀。

（四）鸡的输精

1. 输精前的准备

(1)首次输精前 3 d 饲喂抗生素预防输卵管疾病及卵黄性腹膜炎等的发生。

(2)待当天鸡群中 95%以上的鸡产完蛋后再输精，一般在下午 15:00 以后。

2. 输精方法

翻肛者用左手在笼中捉住鸡的两大腿基部，将鸡腹贴于笼上，鸡呈卧伏状，右手对母鸡腹部的左侧施以一定腹压，输卵管便可翻出，输精者立即将吸有精液的输精管插入输卵管开口中 1～1.5 cm（图 X7-1）。输精时需翻肛者与输精者密切配合，在输入精液时，翻肛者要及时解除鸡腹部的压力，才能有效地将精液全部输入。一般每 4～5 d 进行一次输精。

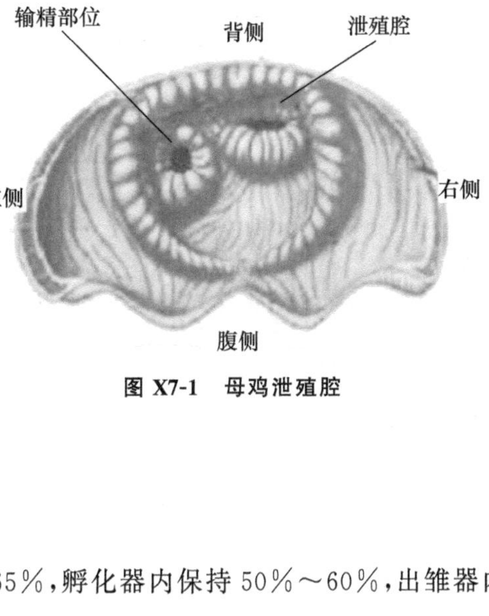

图 X7-1 母鸡泄殖腔

（五）鸡种蛋的孵化

1. 温度

一般采用变温孵化法，1～3 d 孵化温度 38.0℃，4～12 d 为 37.8℃，13～18 d 为 37.6℃，19～21 d 为 37.0℃，孵化室室温控制为 22～26℃。

2. 湿度

孵化室和出雏室的相对湿度应保持在 50%～65%，孵化器内保持 50%～60%，出雏器内保持 65%～75%。

3. 翻蛋

每隔 1～2 h 翻蛋 1 次，孵化 14～18 d 可以停止翻蛋。翻蛋以水平位左右各 45°为宜。

4. 转盘

在 18 或 19 d，将种蛋从孵化器转移到出雏器。

5. 出雏

出雏较适应温度为 37.0～37.3℃，一般比孵化机低 0.3～0.5℃，具体温度要根据胚胎发育情况以及室内环境温度等而定。湿度一般为 65%～75%，以利于雏鸡的出壳，并防雏鸡的脱水。将刚出壳的雏鸡存放在温度为 21～24℃、湿度为 50%、通风良好的存雏间内。

6. 初生雏鸡的雌雄鉴别

采用羽毛鉴别法(快慢羽或羽色)或肛门鉴别法鉴别雌雄。肛门鉴别即翻开初生雏的肛门,在泄殖腔口下方的中央有微粒突起,称为生殖突起,其两侧斜向内方有呈“八”字形的皱襞是公雏。

四、作业

1. 简述鸡的采精及输精技术要点。
2. 简述鸡种蛋孵化过程。

实习八　水禽场繁殖学实习

一、实习目的和要求

(1)了解和掌握水禽人工授精的基本操作技术。

(2)了解和掌握种蛋选择、运送、保存的操作技术要点。

(3)了解孵化机的分类与构造特点,熟悉孵化的生物学检查方法和胚胎发育的主要特征,掌握水禽种蛋孵化的基本操作技术。

二、实习材料和器械

1. 材料

种公鸭或种公鹅、种母鸭或种母鹅。

2. 用具

采精杯、输精器、毛剪、显微镜、显微镜保温箱、载玻片、盖玻片、保温桶、温度计、红细胞计数器、脱脂棉、烘箱、水浴锅、高压消毒锅;种蛋专用蛋箱(厚纸箱或竹筐)、全自动孵化机、照蛋器、喷雾器、温度计、湿度计、风速仪、雏鸡盒、移盘器。

3. 试剂药品

生理盐水(0.9%氯化钠溶液)、福尔马林(甲醛)、高锰酸钾、9.5%酒精、3%氯化钠溶液、蒸馏水。

三、实习流程

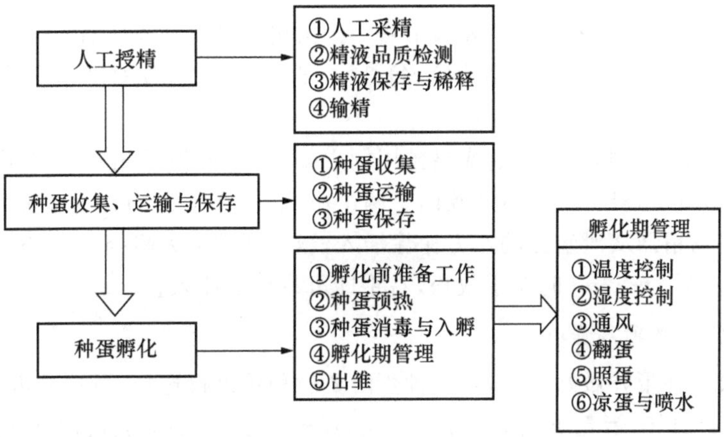

四、实习内容

（一）人工授精

1. 采精

水禽采精通常采用按摩法，选择性反应强烈的公禽，调教 7～10 d，使其建立起性反射。采精一般安排在上午下水前。

采精方法：采精员将公禽放于膝上，公禽头伸向右臂上，助手保定公禽双脚。采精员右手掌心向下紧贴公禽背腰部，并向尾部方向按摩，同时用左手握住泄殖腔环按摩揉捏 8～10 s（图 X8-1 左）。当公禽阴茎即将勃起的瞬间，右手拇指和食指稍向泄殖腔背侧移动，在泄殖腔上部轻轻挤压，精液会沿着射精沟从阴茎顶端快速射出，助手用集精杯收集精液（图 X8-1 右）。

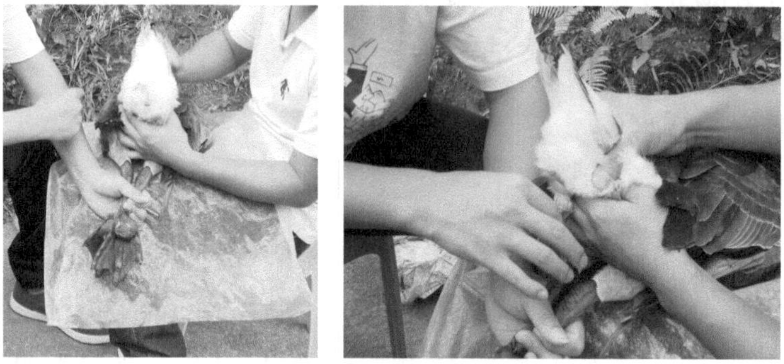

图 X8-1 水禽按摩法采精

2. 精液品质检测

主要包括外观、精液量、精子活力等检测，具体检测方法见实验五、实验六。

3. 精液保存与稀释

新鲜精液一般用生理盐水稀释后尽快使用，稀释倍数为 1∶(1～3)。操作过程中要做好精液的保温、防高温和避光，一般用保温杯保存于 25～30℃。如需保存较长时间，则置于 2～5℃保存 1～2 d。

4. 输精

鸭和鹅的泄殖腔较深，采用泄殖腔输精法。每次输精量中至少应有 3 000 万～4 000 万个精子，一般在上午 9:00—10:00 输精为宜，每 3～4 d 输精 1 次，仅对产蛋禽输精，停产和就巢的母禽无须输精。

输精方法：助手将母鹅下倾保定或整排用倒立架保定，输精员用左手挤压泄殖腔下缘，迫使泄殖腔张开，阴道口翻出（可见泄殖腔内有两个小孔，靠在上方的孔为输卵管开口），再用右手将吸有精液的输精器从泄殖腔的左方徐徐插入，当感到推进无阻挡时，即输精器已准确进入阴道部，一般深入至 3～5 cm 时左手放松，右手即可将精液注入。

（二）种蛋收集、运输和保存

每天定时收集种蛋并做好记录，收集种蛋时要对种蛋进行选择，所选种蛋要符合本品种标准，蛋形指数 1.4～1.5，蛋壳质地结构细密均匀，厚薄适度，壳面无粪便或其他污物；种蛋运输应做到快速平稳，长途运输时，冬季要注意保温、防止冻伤、冻裂，勿低于 2℃；夏季要注意遮阳，避免受热，不要超过 26℃；种蛋存放时间越短越好，不应超过 1 周。种蛋保存温度为 13～16℃，湿度 75%～85%。蛋库应通风良好，无特别气味，避免阳光直射。种蛋入蛋库前采用熏蒸法消毒。

(三)种蛋孵化

1. 孵化前准备工作

种蛋孵化前要全面检查孵化机的控温、控湿、通风和翻蛋系统等，并校正温度计，定温和调节湿度，保证机器正常运行。

2. 种蛋预热

将种蛋从冷贮蛋库取出在室温中缓慢升温 12 h。

3. 种蛋消毒与入孵

将种蛋逐个排放在蛋盘上，排放时一般采用大头向上斜立放。上蛋时间一般安排在下午进行，使大规模出雏时间在白天，便于操作。种蛋入孵前要进行消毒，一般采用高锰酸钾加福尔马林密闭熏蒸消毒。

4. 孵化期管理

(1)温度控制　分为恒温孵化和变温孵化，鸭蛋的孵化温度与鹅蛋不同，不同品种的鹅蛋所需孵化温度也有所变化，一般大种鹅的种蛋孵化温度比小种鹅略高 0.2～0.3℃。

(2)湿度控制　孵化期的湿度控制采用“两头高中间低”的方法。变温孵化法初期湿度维持在 60%～70%，以利胚胎升温和羊水形成；中期湿度维持在 50%～60%，以利蛋内水分蒸发、散热、排除代谢产物；后期湿度维持在 65%～75%，以防止胚膜干燥、粘连、蛋壳脆化。恒温孵化法将湿度控制在 60%～70%。

(3)通风　孵化后期胚胎的气体代谢量是初期的 110 倍以上，为保证向胚胎供应大量的空气，要求机内二氧化碳浓度不超过 0.2%，氧气浓度不低于 20%。主要维持正常的通气量和良好的气流循环路线使胚胎受热和换气均匀。

(4)翻蛋　翻蛋的作用有两个，一是使胚胎各部分受热均匀和呼吸新鲜空气，二是变动胚胎体位防止粘连。孵化机的蛋架通常设计成可转动一定的角度，有 90°、110°、135°和 180°等，一般种蛋越大，翻蛋角度应相应增大。机器孵化翻蛋应每 2 h 翻蛋 1 次，传统孵化法采用手工翻蛋时的角度为 180°，每天翻蛋 6～8 次。

(5)照蛋　照蛋的目的是检查孵化期间蛋胚的发育情况，检查孵化条件是否适宜；同时还可剔除无精蛋、死胚蛋，有助于更好地改进孵化条件，提高孵化成绩。在孵化过程中一般照蛋 3 次。照蛋方法：6～8 d 照蛋时观察其正面；14～16 d 观察其背面；6～8 d、22～28 d 光源照大头；14～16 d 光源照小头。

①鸭胚检查。头照在第 6 天，看蛋胚是否有“起珠”的特征(图 X8-2A)。如特征是“双珠”，说明温度偏高；如只看到“小蜘蛛”和“钉壳”的特征，则温度偏低。二照在 13～14 d，恒温孵化时在第 14 天，变温孵法在第 13.5 天，看胚胎是否达到“合拢”标准(图 X8-2B)。如尚未合拢，小头仅剩有一点白亮部分，并无血管充血或烧伤痕迹，则孵化温度偏低；如发现提前合拢，说明温度偏高，应略微降温。三照在第 20.5 天，看胚蛋的特征是否“封门”(图 X8-2C)。如果尚未封门，但无烧伤痕迹，表明发育较慢，温度偏低，此时不可升温，只能等候迟出雏。若提前封门了，表明发育稍快，温度略高，应该适当降温，以免烧伤。

②鹅胚检查。头照在 7～8 d，发育正常的胚胎能明显看到“起珠”的特征(图 X8-2A)。如有 70%以上胚蛋发育太快，胚胎看到“双珠”特征，说明孵化温度偏高，要适当降温；如有 70%以上胚蛋达不到标准，仅看到“小蜘蛛”和“钉壳”的特征，说明孵化温度偏低，需要适当提高温度。二照在 15～16 d，正常的胚蛋尿囊在小头“合拢”(长足)(图 X8-2B)。如蛋的小头尿囊血管有 70%以上没合拢，说明是孵化机内温度偏低；如尿囊 70%以上合拢，死胚蛋增多，且少数未合拢胚蛋尿囊血管末端有不同程度充血或破裂，则孵化温度偏高；三照在 27～28 d，检查胚胎发育是否有闪毛、影子晃动(图 X8-2D)，作为卵化后期调整孵化条件、按时出壳的参考。如胚蛋 27 d 就开始啄蛋壳，死胎蛋超过 7%，说明较长时间孵化温度偏高；如气室小、边缘整齐，又无黑影闪动现象，说明孵化温度偏低，湿度偏大。

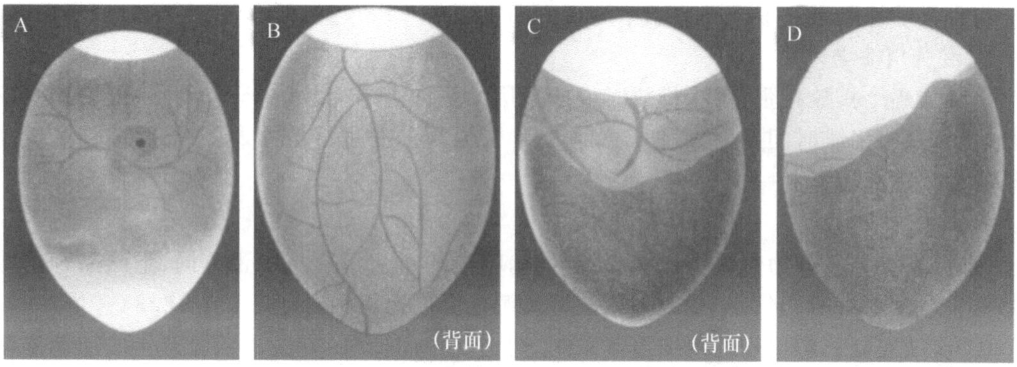

6.5 d：明显看到黑色的眼点，俗称“起珠单珠”“起眼”。

14~15 d：尿囊血管继续伸展，在蛋的小头合拢，整个蛋除气室外都布满了血管，俗称为“合拢”“长足”。

22~23 d：以小头对准光源，再看不到发亮部分，俗称为“关门”“封门”。

27~28 d：气室内可以看到黑影在闪动，俗称为“闪毛”。

图 X8-2 鹅胚胎发育检测

(6)凉蛋与喷水 凉蛋有助于散发胚胎内积热，同时刺激和锻炼胚胎活力，促进气体交换，绒毛长出，提高孵化率和健雏率。孵化初期凉蛋次数和时间少些，15 d 后逐步增加，冬天 20～30 min/次，夏天 45 min/次以上，每天 1～3 次，凉蛋可与喷水结合进行。喷水是提高孵化率的关键，可调节孵化期的温度和湿度，破坏壳膜以利气体交换，增加蛋壳的通透性以排出蛋内水分和扩大供氧量，使蛋壳变脆利于出雏。喷水的操作是用喷雾器将温开水(30～40℃)喷在种蛋表面，使蛋表面全湿呈滴水状，待晾干后继续孵化。喷水从 8 日龄开始，太早不利种蛋尿囊绒毛膜血管在小头“合拢”，8～20 日龄 1 次/d，21 日龄至出壳前的 2 次/d。

5. 出雏

胚龄 28 d 左右将蛋移入出雏机或摊床进行出苗。使用出雏机出苗(图 X8-3 左)，要适当降温，增湿；使用摊床出苗(图 X8-3 右)，做好室内保温和通风，用毛毯盖好种蛋，做好保温。另外，要每天手工翻蛋 3～4 次。至胚龄 30 d 时开始大批出雏，大约每 4 h 拣一次雏禽，待绒毛干燥后将雏禽拣出并取出空蛋壳。后期对出雏有困难的胚蛋适当进行助产，即在啄壳处打小孔，随啄壳情况逐渐扩大，但不能弄破尿囊引起出血。出雏完毕，拣出蛋壳、死胚和残雏，做好记录，彻底打扫卫生并清洗消毒。

图 X8-3　出雏方式

五、实习作业

1. 水禽的人工采精步骤及技术要领包括哪些?

2. 精液品质的评价指标有哪些? 如何检测这些指标?

3. 水禽的输精技术特点与鸡有何不同?

4. 完整记录整个水禽养殖场种禽繁殖性能的各指标数据,比较不同群体和不同时段种蛋的受精率和孵化效率差异并分析其中的原因。

实习九　牛的胚胎移植技术

一、实习目的和要求

掌握和理解牛的超数排卵和同期发情的原理和操作要领；熟悉促卵泡素（FSH），氯前列腺烯醇（PG）等激素的生物学作用和临床应用；观察牛的发情表现，初步掌握冲胚、检胚和胚胎移植技术。

二、实习材料和器械

1. 动物

选择健康、营养良好、繁殖功能正常的成年未孕母牛。

2. 器械

一次性注射器（5 mL、10 mL、100 mL）、保定架、镊子、剪刀、手术刀、表面皿、巴氏吸管、35 mm 培养皿、实体显微镜、子宫颈扩张棒、三路冲胚管（采胚管）、移植枪、移胚管等。

3. 试剂

FSH、PG、普鲁卡因注射液、静松灵注射液、碘酒、新洁尔灭、生理盐水、75%酒精、冲胚液（D-PBS）、移植液、矿物油等。

三、实习流程

牛胚胎移植流程图如图 X9-1 所示。介绍牛胚胎移植流程，演示牛的超数排卵、周期发情及冲胚、胚胎移植过程。

四、胚胎移植的操作步骤

（一）供受体牛同期发情

前列腺素和孕激素是诱导母牛同期发情常用的激素，前者一般以肌肉注射方式给药，后者通常用皮下埋植法或阴道栓法给药。

1. 前列腺素法

前列腺素法是牛同期发情最常用的方法，在牛群发情周期的任意一天肌肉注射 PG 0.4 mg，间隔 9～12 d 再进行第 2 次注射 PG 0.4 mg。

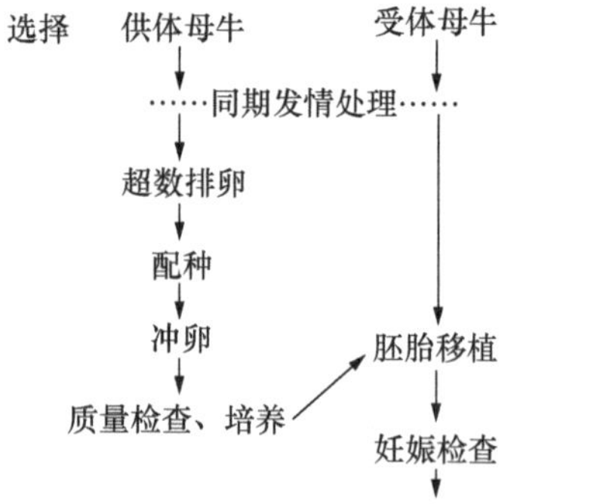

图 X9-1　牛胚胎移植流程图

2. 孕激素埋植法

将装有18-甲基炔诺酮粉和消炎粉的埋植药管，用相应直径的套管针埋植于母牛耳背侧中部无明显血管区。埋植同时，给每头牛肌肉注射2 mL含3～5 mg 18-甲基炔诺酮及2～4 mg苯甲酸雌二醇，10～12 d后取出埋植药管，为使排卵更为同期化，可在取管时注射PMSG 400～500 IU。

3. 阴道栓法

将装有孕酮或类似物的阴道栓，借助阴道扩张器置于阴道内，13～15 d取出，取出的前一天肌肉注射FSH 50 IU。

(二)供体牛超数排卵

FSH＋PG法是目前牛胚胎移植最常用的超数排卵方法。供体牛发情周期的第11～14天的8:00和20:00进行减量肌肉注射FSH 4 d(8次)，总剂量为300～400 IU(总剂量视牛的体重、胎次而定)，第13天注射PG 0.4 mg，第15天供体牛发情。在第一次输精后同时注射LH 150 IU，间隔8～12 h输精2～3次(表X9-1)。

表X9-1　母牛同期发情与超数排卵处理方案

日程安排	供体牛	受体牛
第1天	供体牛发情	注射PG 0.2 mg
第10天	正常发情周期	
第11天	上、下午各注射FSH 75 IU	
第12天	上、下午各注射FSH 50 IU	
第13天	上、下午各注射FSH 25 IU注射PG 0.4 mg	注射PG 0.2 mg
第14天	上、下午各注射FSH 12.5 IU	
第15天	观察发情，人工授精2～3次	开始发情，记录发情时间
第21～22天	冲胚及胚胎质量鉴定	胚胎移植

(三)胚胎收集与检查

牛现在普遍采用非手术法冲胚。供体母牛一般在发情配种后6～7 d用非手术法收集胚胎，胚胎处于致密桑葚胚期和囊胚期。此方法简便易行，对生殖道的损伤小，收集效果比较好。

首先将供体牛在保定架内保定，体位前高后低。用绳缠尾拉向一侧，清除直肠内的宿粪，清洗阴门周围。尾根处剪毛，酒精消毒，普鲁卡因注射液4 mL作尾椎硬膜外局部麻醉，以松弛子宫颈环肌。直肠检查卵巢大小、子宫状况，估计黄体数量。清洗外阴部，用新洁尔灭液消毒。

非手术冲取胚胎所用的冲胚管有二路式和三路式，其不同之处是冲胚液注入和导出的管道，二路式是同一管道，而三路式则各有进出两个管道。另外两种冲胚管都有一注入空气的管道，使之冲胚时，可将子宫角内腔基部固定。但气囊充气应适度，过于膨胀易损伤子宫内膜，过小则不能固定冲胚管，使子宫留有间隙，冲胚液由阴道流出。组装冲胚集胚装置，准备1 000 mL冲胚液加热到37℃备用。使用子宫扩张棒扩张子宫颈口，将带有通心钢丝的采胚软管插入子宫角，充气20 mL，使冲胚管固定于子宫基部。用100 mL注射器吸取37℃冲胚液40～60 mL，注入子宫角，

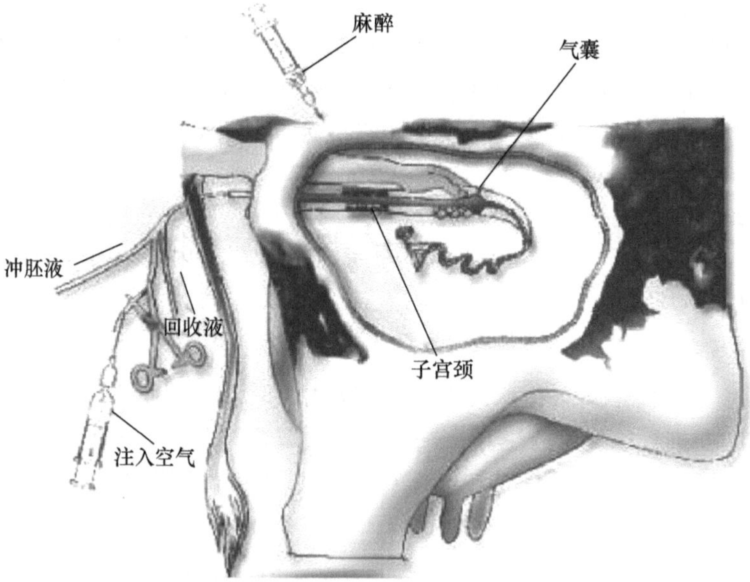

图 X9-2　牛非手术法冲胚(三路式)

再回收冲胚液,反复冲洗,一侧子宫角总计用冲胚液 500 mL,冲完后以同样的方法冲洗另一侧子宫角。

将盛有冲胚回收液的移胚管静置 10～15 min,然后从移胚管的下端放液于培养皿中,置于体视显微镜下观察,在 10～40 倍下将胚胎检出,放入盛有移植液(TCM 199 +10%胎牛血清)的培养皿中,仔细观察胚胎的形态和发育情况。收集外形整齐、大小一致、胚裂球分裂均匀、外膜完整的清晰明亮的桑葚胚或早期囊胚用于移植,形态不正常或发育延迟 2 d 以上的胚胎不能用于移植。

(四)胚胎移植(非手术法)

牛现在普遍采用非手术移植法。使用特制的胚胎移植器,通过阴道和子宫颈,将胚胎注入到黄体侧子宫角的一定部位。其操作过程如下。

1. 受体牛的保定和消毒

与供体牛处理方法相同。选择与供体发情时间一致(相差不超过 1 d)的受体牛(自然发情或同期发情)。

2. 胚胎分装

选择形态和发育正常的桑葚胚或早期囊胚,吸入细管内(五段法如图 X9-3 所示:移植液-空气-含有胚胎的移植液-空气-移植液),再将细管放入移植枪中。

图 X9-3　五段法装胚示意图

3. 移植

直肠检查受体牛卵巢排卵一侧的黄体质地,通过直肠把握子宫颈,使移植器通过子宫颈,再直肠把握子宫角，把移植器轻轻推入有黄体一侧的子宫角，并使其深入到子宫角的大弯部，随后将胚胎推入并缓慢取出移植器。操作时注意动作要稳、快、移植部位要准确，移植后检查细管，看有无胚胎遗漏。如有遗漏，则需重新移植。

（五）供体和受体的术后观察

胚胎移植后要注意观察供体和受体的健康状况和在预定的时间内是否发情。对于供体牛，在下一次发情即可配种，如仍要做供体则一般要经过2～3个月才可进行超数排卵处理。对于受体牛，如移植后发情，则表明移植失败，可能胚胎丢失、死亡、吸收或有缺陷，也可能是受体牛的子宫环境不适宜；如未发情，也要继续观察3～5个情期，并在适宜时期进行妊娠诊断。

五、实习作业

1. 简述牛冲胚过程。
2. 比较牛移植胚胎与输精操作的异同。

实习十　羊的胚胎移植技术

一、实验目的和要求

掌握胚胎移植基本原理和操作原则，了解手术法胚胎移植操作程序，加深对母羊发情调控技术的理解，为生产和科研应用奠定基础。

二、实验材料和器械

1. 实验动物

选择 2～5 岁健康、繁殖机能正常的空怀山羊作为供体或受体，种公羊。

2. 器械

体视显微镜、电子天平、CO_2 培养箱、恒温水浴锅、手术台、剪毛剪、眼科镊子、刮毛刀、灭菌创巾和创布、缝合线、缝合针、注射器、巴氏吸管、注射针头(5 号)、表面皿、移胚管、35 mm 培养皿、酒精灯。

3. 药品及准备

孕马血清促性腺激素(PMSG)、人绒毛膜促性腺激素(hCG)、氯前列腺烯醇、促卵泡素(FSH)、孕酮阴道栓塞(CIDR)、75%酒精、速眠新、苏醒灵、杜氏磷酸缓冲液(D-PBS)、犊牛血清、2%碘酊、青霉素、链霉素、新洁尔灭液、矿物油、2%医用几丁糖、肥皂。

PMSG 和 hCG 先用灭菌的生理盐水分别配制成 50 IU/mL。冲胚液为含 5%犊牛血清的 D-PBS，用前约 2 h 放入 37℃的恒温箱或水浴锅中预热备用。

三、实验内容和操作步骤

(一)供体母羊超数排卵及供受母体羊同期发情处理方案

羊超数排卵方案较多，本实验采用促卵泡素减量注射法(表 X10-1)。

(二)胚胎回收

1. 回收时间

供体母羊在发情配种结束后 2～3.5 d，胚胎处于输卵管内时，收集输卵管内胚胎。或发情配种结束后 6～7 d，胚胎移行至子宫角时，收集子宫角内胚胎。

2. 供体羊准备

手术前母羊应空腹 24 h，适量控制饮水。

表 X10-1　母羊同期发情和超数排卵处理方案

日程安排	供体			受体	
	药物	剂量	处理	药物	方法
第 1 天	CIDR		置入阴道	CIDR	置入阴道
第 10 天	FSH	75 IU	早晚八点肌肉注射		
第 11 天	FSH	45 IU	早晚八点肌肉注射	早八点肌肉注射 PMSG 300 IU	
第 12 天	FSH	25 IU	早晚八点肌肉注射 早八点撤出 CIDR 并注射 PG	早八点撤出 CIDR 并注射 PG	
第 13 天	hCG	800 IU	静脉注射，下午试情配种或人工授精		
第 14 天			上、下午试情配种或人工授精	试情并记录发情时间	
自配种第 2.5～3 天			从输卵管中收集胚胎	手术移植胚胎	
自配种第 6.5 天			从子宫角中收集胚胎		

3. 麻醉、保定

肌肉注射速眠新麻醉(用速眠新麻醉的供体和受体，在手术后可用苏醒灵解除麻醉)。将供体羊侧仰卧在手术架上，四肢固定，头低尾高。

4. 刮毛和消毒

刮净围绕左乳房基部前偏外缘术野范围内的被毛，用水清洗术部，待术野干燥后，用碘酊消毒，再用 75%酒精脱碘，最后覆盖上灭菌创巾，拟作切口的部位暴露在创巾开口处。

5. 手术采胚

在乳房左侧腹壁避开血管做切口，先切开皮肤，暴露肌组织，用手术刀柄端钝性分离肌组织，切开腹膜，将子宫角、输卵管及卵巢依次拉出，注意保护卵巢和输卵管勿受挤压。观察并分别记录双侧卵巢上的红体数和残留卵泡数(图 X10-1)。

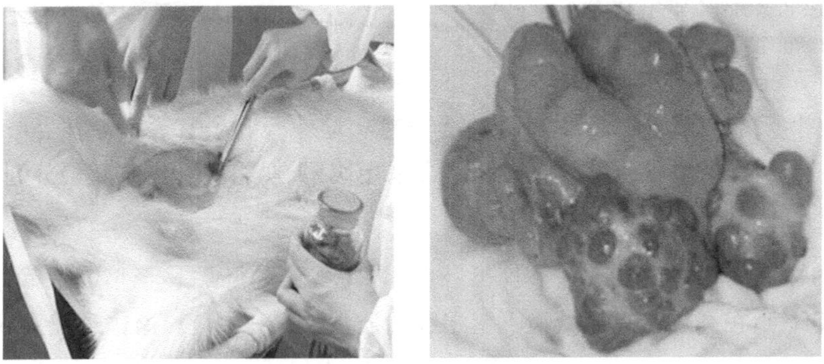

图 X10-1　手术法采集胚胎

(1)输卵管内胚胎的冲洗收集　将特制的冲卵管由输卵管伞部插入输卵管腹腔口内，固定防止脱落，另一端接检卵皿，以回收冲洗液。用带有 5 号钝端针头的注射器，吸取 37℃ 冲胚液 5～8 mL，由宫管结合部插入输卵管，一只手手指捏紧针头部位，另一只手缓慢推动注射器，冲胚液由宫管结合部流入输卵管，经输卵管流至冲胚管进入检卵皿(图 X10-2A、图 X10-2B)。一侧冲洗完毕后,同样方法冲洗另一侧。

(2)子宫内胚胎的冲洗收集　用套有胶管的肠钳夹住宫管结合部。用针头在子宫体扎孔,将羊用冲胚管插入,使气囊处在子宫角分叉处,注射器注入气体 8～10 mL,冲胚管尖端靠近子宫角前端插入进行灌流,分次冲洗子宫角,每次灌注 10～20 mL,一侧用液 50～60 mL,冲完后气囊放气。冲胚管插入另一侧子宫角,用同样方法冲胚(图 X10-3)。

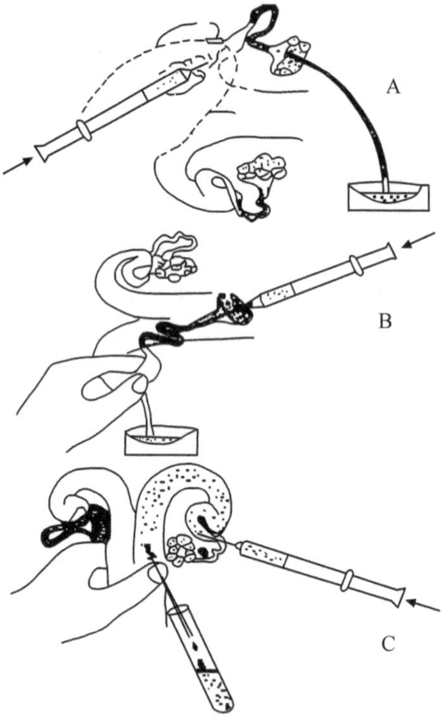

图 X10-2　手术法采胚

A. 由宫管结合部冲向输卵管伞

B. 由输卵管伞冲向宫管结合部

C. 由子宫角尖端冲向子宫角基部

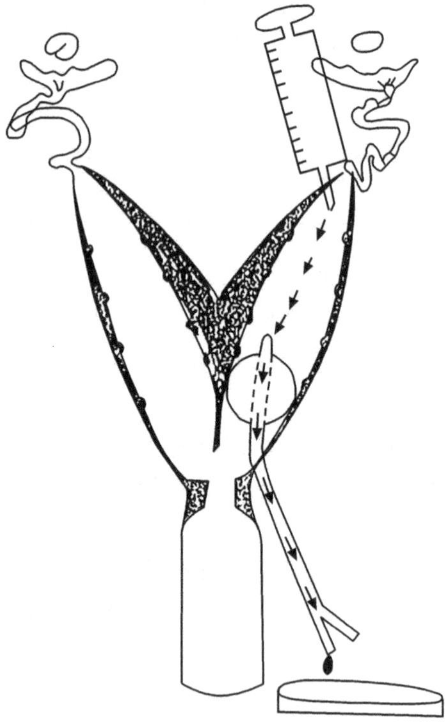

图 X10-3　二通管手术法子宫角采胚

(3)腹腔闭合　在闭合前,除去血凝块,给卵巢、输卵管和子宫表面涂抹 20～30 mL 几丁糖,将其器官复位,抗生素预防感染。腹腔闭合采用腹膜、肌组织和皮肤 3 层分别缝合。

(三)胚胎检验

将回收的冲胚液在体视显微镜下检出胚胎,再将找到的胚胎移至培养液滴中(含 10%犊牛血清的 D-PBS),在高倍体视显微镜下鉴定胚胎质量(图 X10-4)。操作过程要求迅速、准确、保温和无菌。

1. 未受精卵

未受精卵呈圆球形,外周有一圈折光性强且发亮的透明带,中央为质地均匀、色暗的细胞质。透明带和卵黄膜之间的空隙很小甚至看不到。

2. 早期胚胎

卵子受精后,经过卵裂过程,当处于桑葚胚期或囊胚期的胚胎,卵裂细胞排列紧密,形态呈

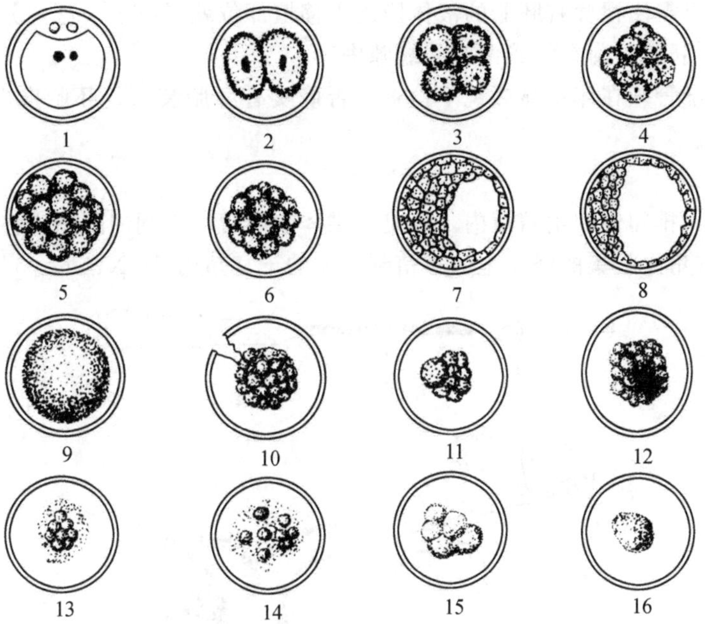

图 X10-4　不同发育阶段的正常胚胎和异常胚胎

正常胚胎：1. 原核期　2. 2 细胞期　3. 4 细胞期　4. 8 细胞期　5. 桑葚期　6. 致密桑葚期　7. 囊胚期　8. 扩张囊胚
异常胚胎：9. 未受精卵　10. 透明带破损　11. 变性胚　12. 透明带椭圆　13～16. 退化变性胚

圆球形，其显著特征是透明带平坦而均匀，边缘整齐，形态清晰，卵裂球大小相等，颜色一致。有时有的未受精卵的细胞质碎裂成大小不等的碎块，其形态和受精卵的正常卵裂球十分相似，需仔细鉴别。发育正常的胚胎透明带发亮，卵周隙明显。

（四）移植胚胎

1. 受体的选择

选择与供体发情时间一致（不超过 24 h）的受体。

2. 空腹、麻醉、保定、剖毛、消毒和腹腔闭合

参照供体处理方法。

3. 胚胎分装

胚胎体积很小，在分装、移植操作过程中极易丢失。因此在向移胚管内分装胚胎时需特别注意。应先向移胚管内吸进少量培养液，接着吸入一点空气，然后再吸入含有胚胎的少量培养液，最后再吸进一点空气和一些培养液（图 X10-5）。

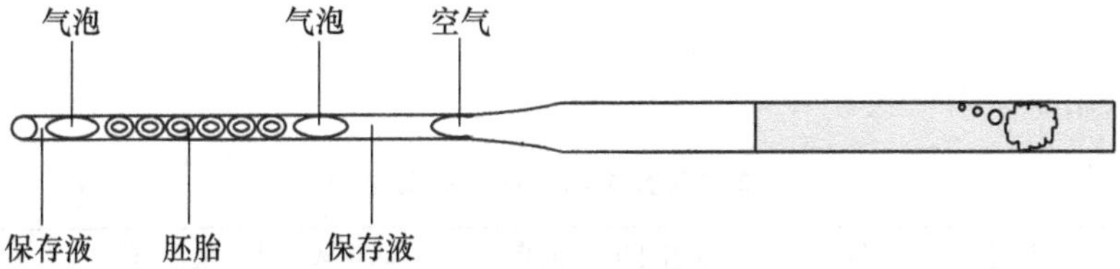

图 X10-5　用吸卵管装入胚胎的示意图

细管内由 2 个小气泡将培养液分为 3 段，胚胎位于中段液体内。前段保存液的作用是防止胚胎接触外物时丢失，后段保存液的作用是保证胚胎确实注入到移植部位。

注入胚胎时只需注视含有胚胎的液体段进入移植部位就可以了。这种分装方式在转运中可减轻振荡,防止胚胎黏附在细管两端的缝隙中。

吸入胚胎的细管须在体视显微镜下检查是否确实有胚胎装入。胚胎推出时,也须经实体显微镜检验证实。

4. 移胚

胚胎最好移入排卵侧的生殖道内。凡是从供体输卵管内得到的胚胎应移植到受体输卵管内,而从供体子宫角内收集的胚胎也应移植到受体的子宫角内(图 X10-6)。

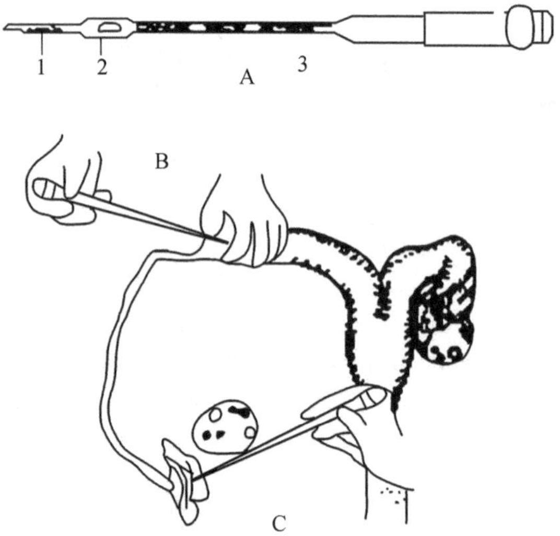

图 X10-6 山羊手术法移胚(赵兴绪等,2008)

1. 移植针 2. 硅胶管 3. 吸有胚胎的细管

A. 子宫移胚器 B. 子宫角移胚 C. 输卵管移胚

若输卵管移胚,将移胚管通过输卵管伞口轻轻插入 2～3 cm 后注入胚胎。子宫角移胚,则用钝针头在黄体侧子宫角输卵管端扎孔,将移胚管顺子宫角方向通过针孔插入宫腔,推入胚胎,轻轻取出针头和输胚管。操作时动作要轻,不要触摸黄体。

5. 供体处理和受体观察

供体羊在收集胚胎后 9 d 左右,肌肉注射 0.1 mg 氯前列腺烯醇。受体羊观察返情,确定受孕情况。

四、作业

1. 将实验结果填入下表。

供体羊超数排卵和胚胎采集结果

供体羊号	注射 FSH 时间	注射 HCG 时间	配种数	采胚胎数	可用胚胎数

胚胎移植结果

受体羊号	移植胚胎数	胚胎发育阶段	胚胎质量	妊娠诊断结果	产羔数

2. 总结羊的超数排卵和胚胎移植的影响因素。

实习十一　母畜卵巢、子宫疾病的诊断及治疗

一、母畜卵巢疾病的诊断及治疗

（一）实验目的和要求

了解生产实践中常发生的卵巢疾病，基本掌握卵巢疾病的诊断技术及常用的治疗方法。

（二）实验材料

（1）长期不发情或发情持续时间很长，有卵巢疾病的母畜若干头。

（2）卵巢疾病的标本（持久黄体、黄体囊肿和卵泡囊肿的卵巢标本）。

（3）治疗用激素类、注射器、消毒药棉。

（4）毛巾、肥皂、桶或盆、温水、长臂塑料手套、消毒药品及润滑剂等。

（三）实验内容和观察要点

1. 母畜的保定和直肠检查的方法

见实习三“牛场繁殖学实习”中的直肠检查。

2. 卵巢静止和萎缩

卵巢静止是卵巢上无卵泡发育，发情周期停止。

（1）症状　母畜表现长时间不发情，有些母畜营养不足如体型偏瘦，被毛逆乱无光泽。直肠检查：手触摸到静止的卵巢上无卵泡，黄体不明显，光滑，质地软；萎缩的卵巢体积小，质地硬。一个性周期后再做直肠检查，卵巢无变化。卵巢机能暂时性扰乱，性周期长，严重时卵巢明显萎缩、硬化，子宫收缩力减弱，泌乳量明显下降。

（2）治疗　首先从改善饲养管理着手，供应全价日粮，适当增加蛋白质、维生素或矿物质以促进体况的恢复，同时可采用激素治疗和直肠按摩等方法。

①激素疗法：肌肉注射 FSH，牛 100～200 IU、马 200～300 IU，每周 1 次，连续 3～5 次。肌肉注射 PMSG，牛、马 1 000～2 000 IU，羊 200 IU。促排 2 号，牛、马 100～400 μg，隔日 1 次，连续 3 次。

②直肠按摩法：对卵巢和子宫通过直肠进行按摩，每隔 3～5 d 按摩 1 次，每次 10～15 min，能促进局部血液循环，使卵巢恢复功能。

3. 持久黄体

处于发情周期和分娩后的母畜，卵巢上的黄体长期不消退，称之为持久黄体。

（1）症状　主要表现为母畜性周期停止，不发情，个别母羊出现很不明显的发情。母牛直肠检查时，患持久黄体一侧卵巢较大，黄体突出于卵巢的表面，呈蘑菇状，质地较卵巢实质硬，但富有韧性。子宫松弛下垂，较粗大，触诊时无收缩反应。

（2）治疗　应根据发病原因进行对因疗法，首先应消除病因，属饲养管理性的要改善饲养

管理条件，以促进体质的恢复。属子宫疾病继发性的，要通过洗涤治疗子宫，恢复子宫分泌前列腺素的功能，从而促使黄体自行消退。

①激素治疗：肌肉注射 $PGF_{2\alpha}$，牛 5～10 mg，马 2.5～5 mg 或氯前列腺烯醇 0.2～0.4 mg；以输精的方法直接注入子宫内，治疗效果好；也有采用尾静脉注射，效果也不错。一般治疗后 48 h 内消退，出现正常的发情。对奶牛肌注催产素(OXT)100 IU，每隔 2 h 一次，1 d 之内注射 4 次，有良好的效果，其原理是诱导子宫合成和分泌 $PGF_{2\alpha}$，以溶解黄体。

②子宫冲洗：牛可用 0.1%碘溶液冲洗子宫，这样既可以治疗子宫疾病，而且还有消除黄体的作用。

4. 卵巢囊肿

卵巢囊肿一般分为卵泡囊肿和黄体囊肿 2 类。卵巢囊肿常见于牛，特别是奶牛，其他家畜亦有。

(1)卵泡囊肿

①症状　性欲亢进并长期持续或不定期的频繁发情，喜爬跨或被爬跨，严重时呈现“慕雄狂”，即表现出强烈的发情行为，极度不安、咆哮、停止进食、频繁排粪及排尿，追逐和爬跨其他母牛。因过度消耗体力，往往表现体质消瘦，皮毛无光泽，产奶量明显下降，阴门肿大，颈部肌肉逐渐增厚，尾部和坐骨结节出现凹陷。性情粗野好斗，经常发出犹如公牛的吼叫。外阴部充血、肿胀，触诊呈面团感。卧地时阴门开张，经常伴有“噗噗”的排气声。阴道经常流出大量透明黏稠分泌物，但无牵缕状。直肠检查时，发现单侧或双侧卵巢体积增大，卵巢上有一个较大的囊肿卵泡，直径可达 30～50 mm(牛)或 60 mm(马)，表面光滑，外膜薄厚不均，压无痛感，触有弹性，囊肿周围质地坚硬。有多个囊肿卵泡时，卵巢表面有许多富有弹性的大小不均的小结节。子宫肥厚、松弛并下垂，收缩迟缓。为与正常卵泡区别，可间隔 2～3 d(马)或 5～10 d(牛)再行直肠检查，正常卵泡届时均已消失。

②治疗　在改善饲养管理的同时，选用以下疗法。

A. 激素疗法：hCG 具有促黄体素的效能，对本病有较好的疗效。牛、马，肌肉注射 1 000～2 000 IU。亦可用 PMSG，效果虽差，在无 hCG 的情况下，仍是可取的办法。

经 hCG 治疗 3 次无效时，可选用下列药物：黄体酮 50～100 mg，肌肉注射，每天 1 次，连用 5～7 d，总量为 250～700 mg；肾上腺皮质激素、地塞米松或氟美松 10～20 mg，肌肉或静脉注射，隔日 1 次，连用 3 次；LH 100～200 IU(牛、驴)或 300～400 IU(马)，一次肌肉或皮下注射。一般在用药后症状渐减而愈，用药后 1 周直肠检查变化不大时，可再注射一次，当反复出现囊肿时，应连续用药，直至囊肿萎缩并不再出现为止。促性腺激素释放激素，马、牛 0.25～1.5 mg，肌肉注射，效果显著。肌肉注射促排 2 号(LRH-A2)或促排 3 号(LRH-A3)。

B. 碘化钾疗法：碘化钾 3～9 g 的粉末或 1%水溶液，内服或拌入料中饲喂，每天 1 次，7 d 为一疗程，间隔 5 d，连用 2～3 个疗程。

C. 假妊娠疗法：将特制的橡皮气球或子宫环，从阴道送入子宫，造成人为的假妊娠，促使卵巢产生黄体，一般经 10 d 左右直肠检查，若囊肿变小或已形成黄体，则证明有效，此后再存放 7 d，以巩固疗效。

D. 手术疗法：在上述疗法无效时，可考虑采用囊肿穿刺、挤破囊肿或卵巢摘除等疗法，但太麻烦，已很少采用。也有试验通过直肠壁，用手轻轻挤破囊肿，但为了防止挤破时出血，手指对挤破处应按压止血。

(2)黄体囊肿　黄体囊肿由于分泌孕酮，抑制垂体分泌促性腺激素，所以卵巢上无卵泡发育，母畜不表现发情。直肠检查时，黄体囊肿大，壁厚而软。

①症状　主要表现性欲缺乏，长期不见发情。直肠检查时，囊肿的大小不一，卵巢变大呈球状，触压波动比较明显并有时稍有痛感，囊肿消散缓慢。

②治疗　选用如下疗法。

A. 激素疗法：肌肉注射氯前列烯醇，剂量 0.4～0.8 mg 或子宫内注入 0.4 mg；肌肉注射黄体酮，剂量 50～100 mg，隔 3～5 d 一次，连续 2～4 次；肌肉注射 LH，牛 100～200 IU、马 300～400 IU，如果用后 1 周未见好转，可再用第 2 次，用药后可促进黄体进一步黄体化，体积逐步缩小。

B. 中草药治疗：用大七气汤以破血去瘀，三棱 50 g、莪术 50 g、香附 50 g、藿香 50 g、青皮 40 g、陈皮 40 g 、桔梗 40 g、益智 40 g 、肉桂 25 g 、甘草 15 g，制成细末，开水冲服。

二、母畜子宫疾病的诊断及治疗

(一)实验目的和要求

了解生产实践中母畜经常发生的子宫疾病，初步掌握子宫疾病的分类及采取的治疗方法。

(二)实验材料

(1)患有子宫疾病的母牛若干头。

(2)冲洗子宫的器械、药品　器械包括子宫洗涤器、橡皮管、漏斗、小动物灌肠器及洗涤用桶、毛巾、消毒液等。冲洗子宫的药品包括青、链霉素、人工盐及有关处理子宫的成品药。

(三)子宫疾病

包括子宫复位不全、子宫内膜炎、子宫积脓及子宫积液。

1. 子宫复位不全

(1)症状　产后恶露滞留或排出时间延长，子宫颈在产后 1～2 周及以上仍开放，恶露从浅红色渐渐变成黏液性。

(2)防治　①补液结合抗生素治疗。②肌注脑垂体后叶激素 50～100 IU。③土霉素粉 10 g 加蒸馏水 50 mL 灌注。④柠檬酸 3 g，碳酸氢钠 3 g，土霉素 2 g 制成灌注剂冲洗子宫。

2. 子宫内膜炎

母畜的发情周期及发情表现正常，直检时触诊子宫较肥厚，阴道中存有从子宫分泌的稍浊的黏液状炎性分泌物。

(1)根据炎性分泌物的性质将子宫内膜炎进行分类。一般将其分为 4 类。

①隐性子宫内膜炎：在发情时分泌物较多，有的分泌物不透明，略微混浊，母牛发情正常但屡配不孕。

②黏液性子宫内膜炎：母牛下卧时或发情时从阴门流出较多的混浊或透明含有絮状物的黏液，子宫颈口稍张开，子宫颈、阴道黏膜充血肿胀，直肠检查时感觉到子宫角变粗、子宫壁增厚、弹性减弱，收缩反应微弱。

③黏性脓性子宫内膜炎：与黏性子宫内膜炎相似，但病理变化较重，子宫黏膜充血、肿胀，上皮组织变性、坏死、脱落，病牛发情周期不正常，从阴门流出的分泌物呈灰白色或黄褐色的稀

薄脓液，常黏附在尾根、阴门下方，大腿和飞节上。直肠检查时可摸到子宫角粗大，壁变厚，较松软，收缩无力。

④脓性子宫内膜炎：多由产后胎衣不下导致细菌感染化脓所致。主要症状是从阴道流出灰白色、黄褐色浓稠的脓性分泌物，在尾根或阴门周围形成痂。直肠检查时可感到子宫肥大，无收缩反应，回流液混浊，像面糊，带有脓液。

(2)治疗应根据具体情况采取不同的治疗方法，一般以药物治疗为主，杀灭和抑制子宫致病菌，促进子宫积液的排出，消除子宫感染的机会。为此，多采用局部疗法和子宫内直接用药2种方法，亦可采用生物疗法、子宫按摩等方法。

①药物冲洗治疗。首先应冲洗子宫，把子宫内的炎性渗出物和脱落的黏膜冲洗干净。冲洗子宫应注意在患牛发情或子宫颈开张时进行，应用直肠把握法将冲洗管通过阴道直接插入子宫，用冲洗液反复冲洗直至回流液透明无异物为止，并尽量将冲洗液排净后，再向子宫内注入抗生素类或成品制剂、中草药等药物。如果是非发情期子宫颈封闭时，可使用雌激素注射，促使子宫颈松弛开张后再冲洗。子宫冲洗的次数、间隔时间及所用冲洗溶液的容量、种类应根据患畜炎症的程度来决定。一般隔日1次，3～5次为一疗程。

临床上常用的冲洗液有以下5类。

A. 无刺激性冲洗液：1%～2%的盐水或人工盐溶液、1%～2%的碳酸氢钠溶液，适用于隐性子宫内膜炎、轻度子宫内膜炎。冲洗液温度35～40℃。

B. 刺激性冲洗液：5%～10%的盐水或人工盐水、1%～2%鱼石脂等，用于子宫内膜炎早期较轻度病例。冲洗液温度38～42℃。

C. 消毒性冲洗液：0.5%的来苏儿、0.1%的高锰酸钾溶液、0.05%呋喃西林溶液、0.02%的新洁尔灭溶液等，适用于各种发病程度的子宫内膜炎。冲洗液温度为35～40℃。

D. 收敛性冲洗液：2%～3%的鞣酸、1%的明矾等，适用于脓性子宫内膜炎和子宫积液等重病例。冲洗液温度以25～30℃为宜。

E. 腐蚀性冲洗液：1%的碘溶液、1%的硫酸铜溶液，适用于顽固性和严重子宫内膜炎，一般只用一次，冲洗时间要短，并立即用无刺激性溶液冲洗。冲洗温度以15～25℃为宜。

子宫冲洗的注意事项如下。

A. 冲洗子宫要在子宫颈开张的情况下才能进行，故最佳的治疗时间是母畜发情期。如不在发情期或子宫颈开张较小，可预先用雌激素等药物处理。

B. 冲洗药液要充分回流。可用手在直肠内按压或提起子宫角，必要时用注射器抽取。

C. 冲洗子宫过程中可进药与回流同步，注入药速度不能太快，一次注入药液不宜超过300 mL，否则子宫内液体量过大，压力过高，造成药物与子宫炎性液体从输卵管溢出，导致周边器官感染。

D. 如果病情严重，在向子宫灌注抗生素后再注入碘甘油30 mL效果更好。

②子宫内直接给药。在冲洗的基础上，再直接向子宫注入各种抑菌和防腐的药物。

A. 抗菌类药物：牛一次用量青霉素40万～80万IU和链霉素100万IU，四环素或氯霉素1～2 g或磺胺类药10～20 g，将药物溶解在蒸馏水中，通过直肠把握法注入子宫内。

B. 成品药(宫复康、宫得康、宫炎净等)：这些成品药是专用于治疗子宫疾病的药物，均为混悬油制剂，子宫内注入每次1～2支，间隔5～7 d再用药1次。该类药物能附在子宫黏膜上，作用时间长，具有抑菌、杀菌和消炎的作用，能加强子宫平滑肌收缩和兴奋，促进子宫血液循环,有利于子宫黏膜的修复及炎性分泌物的排出。

抗生素类药物进行子宫灌注疗效虽好,但反复使用会增加牛奶中抗生素的残留量,威胁消费者的健康。

③中草药治疗。利用中草药治疗子宫内膜炎研制了多种汤剂、散剂、泡腾栓剂、中草药灌注剂、子宫灌注剂及中西结合的子宫灌注剂等,治疗子宫内膜炎都有相当好的疗效。汤剂容易吸收,发挥作用快,是一种常用的剂型;散剂使用方便,吸收也较容易,药效比较确实,目前临床上仍广泛应用;子宫灌注剂既有局部作用又有吸收后的全身作用,尤其是中西药结合的子宫灌注剂具有用药次数少、疗效好等优点,是一种比较理想的方法。我国对牛奶中抗生素的残留监控日趋严格,应提倡"无抗奶",推广中草药治疗子宫内膜炎。

④生物疗法。从健康母牛阴道中分离出产酸能力强的乳酸菌,把它制成生物制剂,如"乳孕生"等灌注子宫,抑制引起子宫内膜炎的致病菌(如金黄色葡萄球菌、链球菌、大肠杆菌、绿脓杆菌、变形杆菌等),达到治疗的目的。

⑤子宫按摩。用直肠把握的方式,隔着直肠壁按摩子宫,可引起子宫一定的反应,提高子宫肌肉的张力,排出炎性分泌物。但在急性脓性子宫内膜炎有强烈疼痛反应,如子宫紧张和子宫封闭等,禁忌按摩子宫。

3. 子宫积脓及子宫积水

子宫积水和子宫积脓是造成母畜不孕的重要疾病。

(1)症状　典型特征为母畜乏情或长期不发情,时有黏性或脓性分泌物排出,患子宫积水母畜表现为不定期排出稀薄的分泌物,患子宫积脓母畜则偶尔在发情或子宫颈黏膜肿胀减轻时,排出黏稠的脓性分泌物。牛子宫积脓多发生在产后早期,个别牛初期体温略升高。

牛直肠检查触摸卵巢时可摸到有持久黄体,或有囊肿;子宫颈口明显,子宫较粗,子宫显著增大,往往与妊娠 2～4 个月的子宫相似,甚至更大,但查不到子叶、胎膜及胎体,操作时注意避免误诊为妊娠。子宫角多不对称。子宫壁变厚,但各处厚薄及软硬程度不一。触诊有硬的波动感或面团感。当子宫内聚积的液体量多时,子宫中动脉有类似妊娠的脉搏。子宫内膜出现炎性病理变化。

阴道检查时也可发现阴道内积有脓液,颜色为黄、白或灰绿色,肿胀,颜 色多为紫红,开张不大。表面皱褶清晰,向下倾斜。

(2)治疗

①激素疗法。用促进子宫收缩的药物,使子宫颈口开张,促使积液或积脓排出。

前列腺素疗效较好,子宫内注入 0.3 mg,注射后 24 h 即可使子宫的液体排出,隔日再注 1 次,经 3～4 d 后病牛可能会出现发情。如果子宫颈口开张较小,可配合肌肉注射雌激素。催产素也能促进子宫内液体排出,催产素与雌激素合用也有协同加强的作用。在使用催产素之前先用雌激素处理(提前 48 h)效果更好;催产素用量一般 30～50 IU。当子宫内容物排尽之后,再向子宫内注入抗生素以防治感染。

②子宫冲洗。冲洗子宫是治疗子宫积脓或子宫积水的有效方法。操作方法和注意事项同前所述。常用的冲洗液有高渗盐水、0.05%～0.1%高锰酸钾、0.01%～0.05%新洁尔灭等,每次用量 2 000～3 000 mL,将药液加温至 45℃,边注入子宫边排出积液,直到回液不含有分泌物积液或脓汁。如使用高锰酸钾冲洗,需用生理盐水进行二次冲洗子宫,直到回流液无颜色。冲洗结束后向子宫内灌注宫炎康、宫得康 或青霉素、链霉素、土霉素及氨基糖苷类抗生素。

三、作业

1. 简述诊断、治疗卵巢和子宫主要疾病的全过程。
2. 试谈卵巢、子宫疾病对畜牧生产的危害性。

参 考 文 献

[1]杨利国．动物繁殖学．北京：中国农业出版社，2003.
[2]张忠诚．家畜繁殖学．4 版．北京：中国农业出版社，2004.
[3]王锋，王元兴．牛羊繁殖学．北京：中国农业出版社，2003.
[4]王锋．动物繁殖学．北京：中国农业大学出版社，2012.
[5]张一玲．家畜繁殖学实验指导．北京：中国农业出版社，1991.
[6]田秀娥．动物繁殖学实验实习指导．北京：中国农业出版社，2012.
[7]杨利国．动物繁殖学实验实习教程．北京：中国农业出版社，2015.
[8]赵兴绪．兽医产科学实习指导．4 版．北京：中国农业出版社，2008.
[9]纳吉．小鼠胚胎操作实验指南(影印版)．北京：科学出版社，2004.
[10]林建坤．禽的生产与经营．北京：中国农业出版社，2001.
[11]黄运茂，施振旦．高效养鹅技术．广州：广东科技出版社，2010.
[12]田允波，黄运茂，许丹宁．鹅反季节饲养繁殖技术．广州：中山大学出版社，2010.
[13]黄国宁．体外受精-胚胎移植实验室技术．北京：人民卫生出版社，2012.